這樣吃，薑薑好

食譜 小寺宮（こてらみや）
監修 GINGER FACTORY

前言

薑除了帶有微嗆辛辣感，同時也散發著清新香氣。

我們平時習慣拿它來當作提味的食材，
不過其實薑十分百搭，
可以當作料理的材料，也可以拿來製作飲料、甜點，
薑事實上是萬用的辛香蔬菜。

薑不僅能讓身體暖和起來，
坊間甚至有「薑治百病」的說法，
由此可見其有益健康的功效。

這本書裡介紹了大量有關薑的知識和食譜，
希望讓讀者能更加認識薑的魅力，
輕鬆地把薑帶入每天的日常生活中。

若各位能透過本書對薑有更多新發現，
我將感到萬分榮幸。

薑，豐富生活的每一天

匆忙的早晨，就利用冰箱裡的「薑味常備小菜」來做飯糰、做煎蛋，再夾一點味噌漬薑塊，增加不一樣的口感。味噌湯最後放上的薑絲帶有清新香氣，能讓早上昏沉的頭腦瞬間清醒過來。

食譜於 P.10（照片左上方的「味噌漬薑塊」於 P.72）

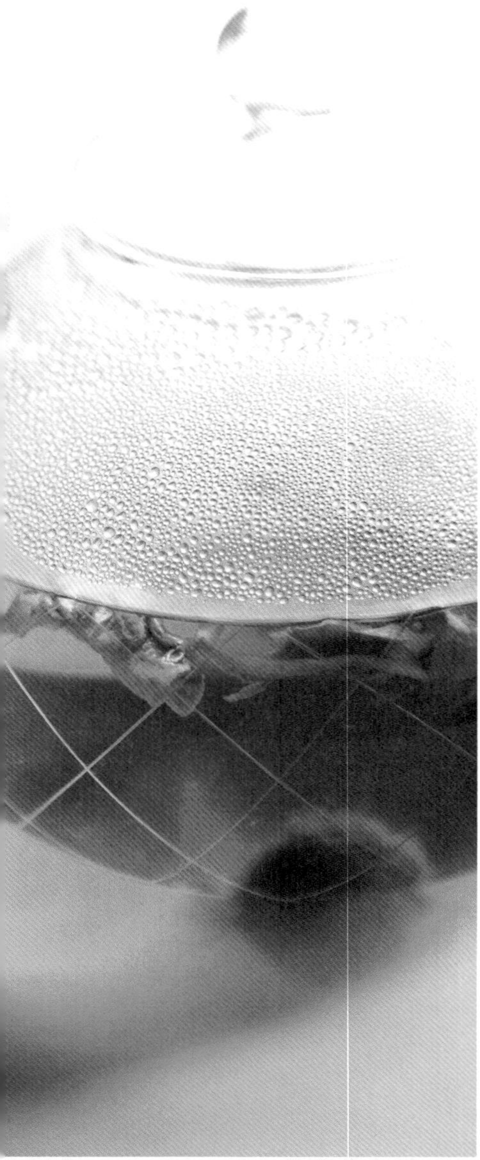

利用午茶時間喘口氣。
享用一杯鍋煮薑泥奶茶，
或是杯裡放幾片乾薑，
用熱熱的煎茶慢慢泡開飲用。
感到身體著涼時，
加一匙薑泥在愛喝的咖啡裡，
也能讓身體暖起來。
在平常喝的飲料裡加一些薑，
可以讓人更加放鬆。

食譜於 P.11

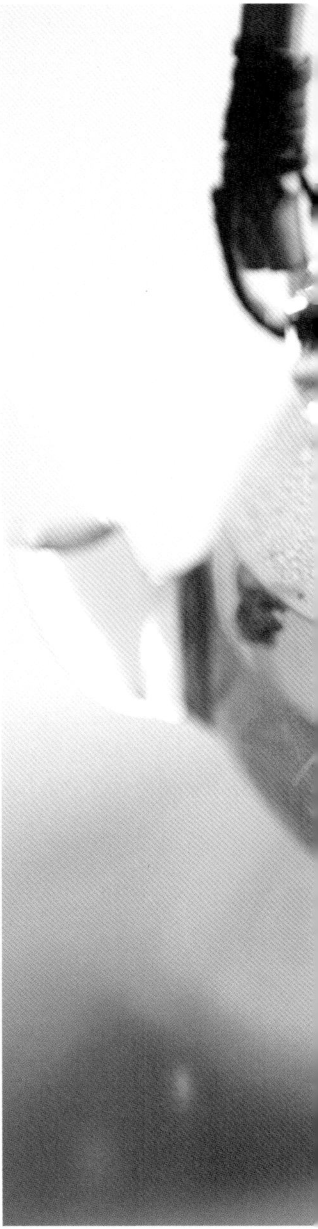

食譜於 P.12（照片中間的「乾薑梅子煎茶」於 P.45）

冰箱裡的薑絲肉醬和味噌薑絲青椒，
配上簡單的豆腐或蔬菜，
就能迅速完成
具有風味層次的下酒菜。
調酒也以薑汁入味，
香味和刺激口感令人沉醉。

食譜於 P.12 和 P.13

佃煮薑絲飯糰

P.4的食譜

材料（1人份）

鹽味佃煮薑絲(p.58)
… 適量
熱白飯 … 1碗

1 將鹽味佃煮薑絲與白飯翻拌均勻。

2 捏成大小適中的飯糰享用。

小松菜馬鈴薯味噌湯

P.4的食譜

材料（1人份）

薑【切絲】… 適量
小松菜 … 1/2株
馬鈴薯 … 1/2顆
洋蔥 … 1/10顆
炸豆皮 … 1/4片
日式高湯 … 1杯
味噌 … 適量

1 小松菜切成5cm長。馬鈴薯對半切開，再切成7～8mm厚的片狀。洋蔥切絲。炸豆皮切成小片的長方形。

2 鍋裡倒入高湯，洋蔥和馬鈴薯下鍋後開火加熱，滾沸後轉小火，將馬鈴薯煮軟。

3 依序放入炸豆皮和小松菜的莖、葉，煮熟後把味噌放入鍋裡化開。

4 盛入碗裡，擺上薑絲即可享用。

P.4的食譜

薑絲菇菇炒蛋

材料（1人份）

薑絲菇菇(p.54) … 1/4 杯(50g)

雞蛋 … 1顆

植物油 … 1小匙

1 將薑絲菇菇加入打散的蛋液裡拌勻。

2 平底鍋中倒入植物油，以中火熱鍋，慢慢倒入作法1。用鍋鏟大幅度拌炒，將蛋炒成稠稠的半熟狀即可起鍋盛盤。

P.6的食譜

鍋煮薑泥奶茶

材料（1杯）

薑 … 約10g＋皮(適量)

紅茶茶葉* … 略多於1大匙

水 … 80㎖

牛奶 … 1杯

砂糖 … 1大匙

奶油 … 可依喜好添加少許

*推薦使用CTC（像芝麻粒一樣的細粒狀茶葉）阿薩姆紅茶。

1 薑用鍋鏟壓碎，連同薑皮一起放入鍋裡，再倒入水，開火加熱。冒泡滾沸後轉小火約煮1分鐘。

2 加入茶葉，待葉片充分舒展開來後，加入牛奶和砂糖，稍微攪拌一下。

3 再度冒泡滾沸後，用茶篩過濾倒進杯中，可依喜好添加少許奶油享用。

P.8的食譜

高麗菜佐味噌薑絲青椒

材料（2人份）

味噌薑絲青椒（p.56）
… 適量

高麗菜 … 3～4片

1 高麗菜用冷水泡過，讓菜葉清脆爽口。瀝乾水分後切成稍大的方形。

2 用作法1沾著味噌薑絲青椒享用。

P.7的食譜

薑泥咖啡

材料（1杯）

薑【磨成泥】… 適量

咖啡 … 1杯分

在咖啡裡加入薑泥，攪拌一下即可享用

P.8的食譜

薑泥沙瓦

材料（1杯分）

薑【磨成泥】
… 1小匙

酸橘 … $^1/_2$個

燒酎 … 適量

氣泡水、冰 … 各適量

1 玻璃杯中放入薑泥，倒入燒酎。加入冰塊後，慢慢倒入氣泡水。

2 擠入酸橘汁，再將酸橘丟入杯中，攪拌一下即可飲用。

P.8的食譜

薑絲肉醬冷豆腐

材料（2人份）

薑絲肉醬（p.52）
… 適量

豆腐 … 1塊

蔥（切蔥花）… 少許

醬油 … 少許

1 將薑絲肉醬擺在豆腐上，撒上蔥花。

2 淋上醬油享用。

目次

生薑專賣店的老闆專欄

1章 認識薑、活用薑

方便的常備薑配料、萬用調味料與漬物

2章

3章

加了薑讓家常菜更好吃

本書使用說明

◎ 食譜中若未特別寫出薑要削皮，都是帶皮使用。不過薑皮的味道強烈，咬起來口感也稍嫌粗糙，因此可依個人喜好斟酌去皮。

◎ 1 塊薑為 10g、1 大塊薑為 15g。

◎ 鹽使用的是質地沙沙的「日本燒鹽」。

◎ 一大匙為 15ml、一小匙為 5ml、一杯為 200ml。

◎ 火候、溫度、烹調時間皆可視情況調整。

◎ 日式高湯是使用昆布和柴魚熬煮而成。

◎ 食譜中若未特別指定砂糖的種類，可依個人喜好選擇。

1 章

認識薑、活用薑

有關薑的大小知識，你瞭解多少？

一般市售的老薑，是高大生薑植株的一部分。

薑不建議冷藏保存。

「嫩薑」經時間熟成就變成「老薑」。

秋天是嫩薑的產季。

薑不是根部。

薑原本為熱帶植物。

薑具備讓身體溫暖的成分會隨著加熱和乾燥而改變。

薑芽沒有毒。

← 前進下一頁
更詳細認識薑！

薑的保健力

常見食材「薑」潛藏的力量

薑含有許多有益健康的成分，在印度古老醫學「阿育吠陀」中，認定薑具有治百病的功效，日本漢方藥的常見藥方裡，七成以上都含有薑的成分。

除此之外，根據美國國家癌症研究所的報告，在「可能具有預防癌症功效的食物金字塔」中，薑被列在頂端食材群之一。近期，美國密西根大學的研究也指出，在薑的成分中發現誘發癌細胞自滅的「細胞凋亡」現象。

薑具有非常多的保健功效，其中大部分歸功於「讓身體變暖」的作用。薑所含有的薑油（Gingerol）及薑酚（Shogaol）成分，分別具有擴張末梢神經、促進血液循環，以及促進脂肪燃燒和醣類代謝的效果，而上述兩者同時也都會使體溫升高。

薑暖和了身體 進而提升免疫力！

體溫上升1℃能提高12～13%的代

監修 石原新菜先生

現為醫師、石原診所副院長。擅長的領域包含漢方醫學、自然療法及飲食療法。對於薑的保健效果有深入研究，每一天的飲食都少不了薑。除了診所看診之外，也積極參與演講、接受電視採訪及媒體撰文等活動。著有《乾薑排寒》等多本書籍。

基本功效

◎擴張血管、促進血流、提升體溫

辛辣成分使血管擴張，進而促進血液循環。血液循環一旦變好，體溫也跟著上升。

具代表性的相關功效

活化體內酵素、提升免疫力

隨著體溫升高，體內酵素也跟著活化起來，能夠提升免疫力。

淨化血液

代謝隨著體溫升高，燃燒體內老廢物質，使血液的狀態變佳。

抗病毒

白血球功能運作提升後，對病毒和細菌病原體的抵抗力也跟著強化。

發汗

體溫升高後自然排汗，有助於體內排毒。

◎殺菌作用

薑酮、薑油及薑酚都具有殺菌作用。

◎抗酸化作用

抗氧化作用有助於預防癌症及抗老化。

謝率，同時增加30％的免疫力。這是基於體內酵素運作改善的緣故。酵素是影響全身上下細胞正常運作的關鍵要角，例如幫助白血球順暢運作，把壞菌趕出體外，或是促進食物的消化與吸收。酵素在37～40℃之間的運作最為活躍，因此，提升體溫便能活化酵素，進而強化免疫力。特別是近年為預防病毒感染，人們也更加重視提升自我免疫力。若是吃薑就可以提升免疫力，那麼當然沒有理由不吃了吧！

隨著體溫升高
感受到一連串良好的身體反饋

薑除了能提升體溫，也能為身體帶來一連串的好處。像是減重、抗老，甚至讓原本低落的情緒開朗起來。右方條列的重點是幾項最具代表性的功效。

薑含有多種促進身心健康及美容的有效成分，例如具有強力殺菌效果的薑油成分，以及抗氧化多酚，還有強化體內「氣」循環的香氣成分桉葉油醇（Cineole）等。

止痛（風濕、生理痛、肩頸痠痛等）

血液循環一旦變好，便能舒緩生理痛和肩頸痠痛等疼痛。

促進消化

腸胃內壁的血液循環變好，能夠幫助消化，也能提升營養吸收力。

改善過敏（花粉症、異位性皮膚炎等）

免疫力正常運作，便能有效代謝體內老廢物質，也有助強化皮膚修復力。

助眠

體溫提升更容易入睡，香味成分「桉葉油醇」也有助於放鬆。

整治腸胃

體內血液循環變好，能活化腸胃運作，也能緩和胃痛和反胃。

排氣

有助排解腸胃內的脹氣及緩解便祕。

改善低落情緒

「氣」的循環會跟著血液循環一起改善，情緒隨之變得開朗。

抗癌

抗氧化作用能去除體內活性氧，預防癌症。

薑的成分會隨著加熱而改變

生食和經過烹煮的薑各有不同的健康功效

薑無論生食或經烹煮食用，對於健康的作用各有不同之處。

生的薑含有較多的薑油成分，而薑油也是促進血液循環和提升體溫的主要功臣。此外，也有研究顯示薑油具有緩解頭痛及噁心感，以及抗癌的功效。生食特有的辛辣成分，能夠刺激白血球運作，也是一大特徵。

薑經過加熱，大部分的薑油成分會轉化成薑酚，具有降膽固醇、清血、解毒、抗氧化，以及促進消化和吸收能力等效用。

在家就能簡單製作常備「蒸曬薑」

薑酚能促進脂肪及醣類燃燒，進而提升體溫。極度怕冷的人，可以養成長期食用的習慣。

除了生的薑之外，也可以準備「蒸曬薑」放在家裡，隨時拿來加在料理或飲品中都很方便。其實這裡所謂的「蒸曬薑」，指的就是中藥的「乾薑」，在家裡就能簡單製作。

蒸曬薑的作法

1 薑連皮用流動的清水刷洗乾淨，與薑皮的節紋平行切成 1mm 厚的薄片。

2 使用蒸鍋時：把薑片在烘焙紙上排開來，不相重疊，蒸 30 分鐘。取出薑片，換一張新的烘焙紙，或是在竹簍上鋪開來，在室外日曬一天，或是在室內放一星期乾燥。

使用烤箱時：烤盤擺上耐熱盤或鋪上烘焙紙，把薑片排開來，不相重疊，以 80℃ 加熱 1 小時左右。待薑片烤到脫水並變成茶色時取出。放涼就完成了。

3 裝入密封容器中保存。也可使用研磨機或研磨缽，磨成薑粉使用。

※ 100g 的薑蒸曬過後約剩 10g。

請教專家

Q 薑要連皮吃比較好嗎？

薑的外皮內側含有豐富抗氧化物質的多酚。因此食用時請別削皮，完整攝取其營養吧！如此一來烹調時也節省一道手續，簡直一石二鳥。只需要把變黑的部分用湯匙刮掉再使用即可。

Q 一天要吃多少？

如果是生的薑，一天的攝取量以20g為準，相當於大人的2根大拇指節。乾薑的重量是新鮮薑的十分之一左右，因此以2g為每日攝取基準，相當於2個1圓日幣，這樣記使用起來更方便。

Q 什麼時候吃比較好？

薑的暖身效果大約3小時，無法持續太久。因此，若要延長效果，與其一次大量食用，不如分別在早中晚三餐及睡前少量攝取，效果更為理想。

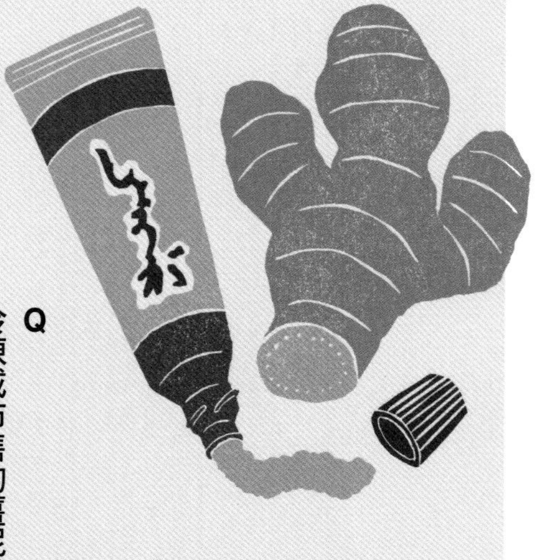

Q 冷凍或市售的薑泥成分有不同嗎？

冷凍過的薑並不會流失營養成分。切小塊或磨成泥再冷凍保存，使用起來會很方便。順帶一提，用醋或黑醋醃漬的話，能保存得更久。另一方面，日本超市常見的軟管裝薑泥雖然好用又方便，但就風味來說，還是比不過新鮮的薑。

Q 食用過量會危害健康嗎？

根據美國食品藥物管理局，薑是「沒有副作用的香草植物」。因此，即便大量攝取也無妨。也許有人會擔心「胃痛時是不是最好少吃一點？」然而，其實中醫的處方裡會使用薑作為胃藥。我（作者）個人每天約食用100 g的薑。

Q 除了食用之外，還有其他有益健康的使用方法嗎？

可以用來熱敷或泡腳。熱敷時，將150 g的薑泥用紗布包起來，放入20公升的水裡加熱至快沸騰時關火。取一條毛巾，浸入煮好的薑湯裡，取出後輕輕擰乾，敷在患部上，接著依序鋪上保鮮膜和一條乾毛巾，熱敷15分鐘左右，對於緩解腰痛等症狀十分有效。另外，氣喘時也可後仰貼在胸前、前彎貼在後背，兩邊同時敷以緩解症狀。

另外，泡腳時可取一個適當的盆子或桶子，裡面裝熱水，再放入薑片或用紗布包起來的薑泥。除了泡腳，也可以泡泡手

Q 嫩薑和老薑的功效有什麼不同？

嫩薑必須存放在陰涼處保存，且效期有限。而老薑則是一整年都可以買到。老薑由於水分蒸發的緣故，成分濃縮後濃度增加，但功效本身與嫩薑並無不同。

薑的種類

老薑

市面上販售的薑其實只是巨大植株的一部分。薑的食用部分生長於土裡，但是植物學將之歸類於莖部而非根部。

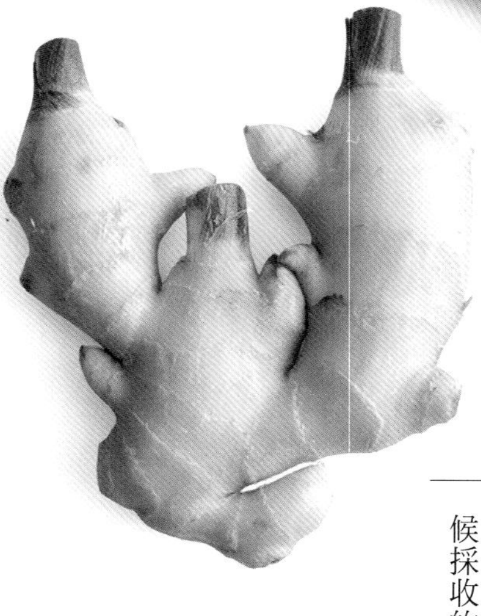

嫩薑

一般在超市買到的老薑多半約為手掌大小，不過其實那也只是最大可長到1公斤的巨大植株的一小部分而已。由於體型巨大，也被歸類為大薑。經過貯藏而能夠一整年在市場上流通的大薑，約佔日本國內產量的9成，無疑是最受歡迎的薑。本書所說的「薑」也都為老薑。

每年6月左右上市的潔白嫩薑，則是溫室栽培的大薑。由於纖維含量少，吃起來多汁鮮嫩。野生栽種的嫩薑則大約在每年11月採收，不過這時候採收的薑通常不會上市，而是會經過2個月左右的貯藏，使水分蒸散、外皮轉為褐色，再作為老薑販售。換句話說，嫩薑和老薑是一樣的東西，或者也可以說嫩薑是年輕的老薑。

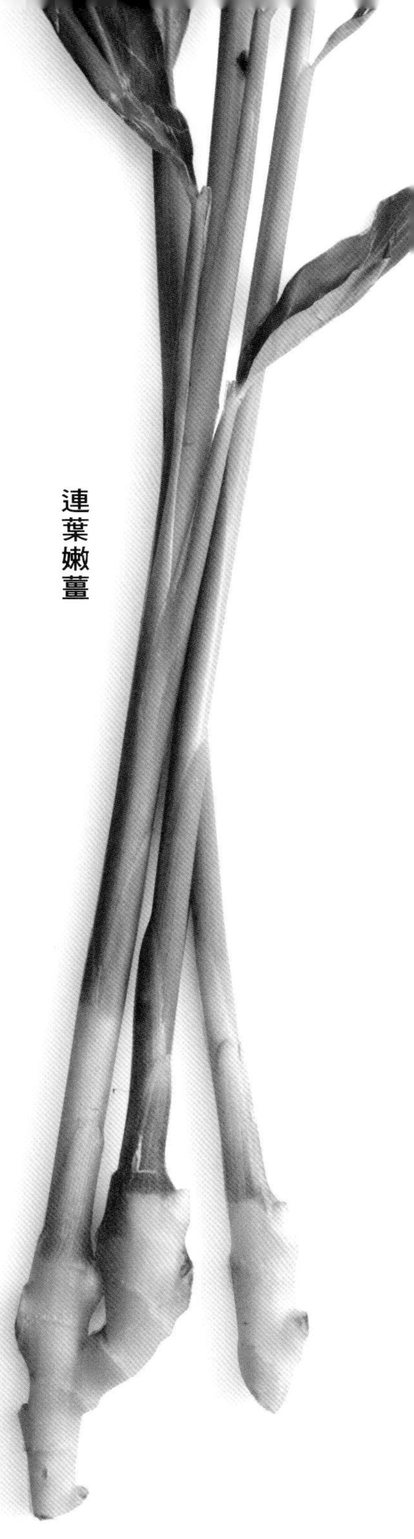

連葉嫩薑

初夏限定上市「季節的風物詩」——連葉嫩薑

在日本，初夏時分能在市面上看到連葉且體型嬌小的嫩薑，當地稱作「葉生薑」。日本的「谷中生薑」和「金時生薑」都是葉生薑的一種。強烈的辛辣味，加上小巧又優美的外型，在日本料理中常見以甜醋醃漬，做成紅白相間的「矢薑」，當作料理擺盤的裝飾。順帶一提，谷中生薑的「谷中」，是日本東京都台東區的一處地名，名稱的由來是因為從江戶時代起，谷中便開始栽種該品種的薑。東京其他地方也有，如昭和初期便開始栽種的小型嫩薑——八王子薑，據說是當時八王子當地居民於秋留野市舉辦的生薑祭典中分到了塊莖，便持續栽種至今。時至今日，驅邪避凶的「生薑祭典」依然每年如常舉行。

薑原產於與日本相距千里之遙的熱帶亞洲——印度一帶，喜好高溫多濕的氣候環境，因此以西日本溫暖氣候的地區為栽種中心。在日本，高知縣是薑的首要產區，產量將近佔日本產薑量的一半。其次還有熊本縣、千葉縣、茨城縣、宮崎縣。近年，超市販售的軟管裝薑泥因方便而十分熱銷，不過還是希望各位能選購新鮮生薑，才能品嘗到其獨具的醇厚滋味。

薑與茗荷其實是兄妹？

薑（しょうが [shōga]）和茗荷（茗荷 [myōga]）的日文十分相似。事實上，茗荷就是薑科薑屬的近緣種，與薑宛如親戚般的關係。薑與茗荷在同時期傳進日本，由於兩者的氣味都十分鮮明，因此在日本經常作為提味佐料使用。據說從前日本人將香味較強烈的薑稱作「兄香（せのか [senoka]）」，香味沒那麼強烈的茗荷稱作「妹香（めのか [menoka]）」，才慢慢演變成了現在的日文名。（不過關於名字的由來眾說紛紜）。

如何挑選薑？

挑選薑之前應具備的小常識

原產於熱帶亞洲的薑，最適合溫度15℃、濕度90％的環境（請參閱P.36）。然而，超市的冷藏櫃多半設定在7℃左右，這對於薑來說是過於寒冷的溫度。又或者在運輸過程中遭受劇烈的溫度變化，也會大大減低薑原本具有的營養價值。相較於放置在冷藏櫃最低溫深處的薑，擺在靠近外側、溫度較高位置的薑，狀態可能會較為良好。許多人在買薑的時候或許不曾特別挑選，不過在了解正確知識後，最好能夠學著挑選健康的薑。

薑的挑選法則

老薑

整體的顏色呈金黃色、形狀飽滿厚實，表皮具光澤且光滑，就是狀態良好的薑。薑雖然呈不規則狀，不過歪七扭八的外觀，並不會影響風味。試著切下一小塊，若切口濕潤不會乾巴巴，便是品質優良的薑。

嫩薑

顏色潔白、有光澤，莖的前端呈鮮豔的紅色，便是優良的薑。若表面有損傷，最好避免選購。

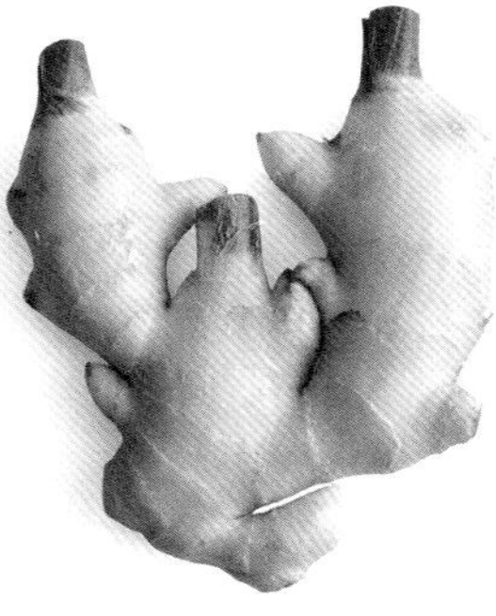

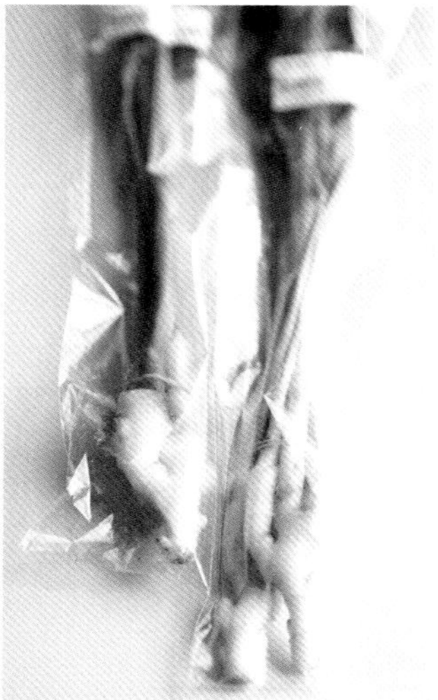

連葉嫩薑

首先辨別葉子的部分，沒有枯萎、呈深綠色再選購。另外根部是否潔白、莖的前端有沒有帶紅色，也是選購的重點。較粗的莖會有較多纖維質，若不喜歡粗糙的口感，建議選購較細的連葉嫩薑。

這種薑可以買嗎？

超市用袋子裝好的薑，裡面有水氣的話，還可以買嗎？

超市冷藏櫃中的薑，常見以塑膠袋包裝販售。有時會因為薑內含的水分蒸發，或是周圍溫度變化而使得袋子內側出現水氣。雖然看起來賣相不佳，不過無損薑的品質。

乾巴巴的薑就代表品質不佳嗎？

變乾的薑失去了水潤感與光澤，因此不適合磨成薑泥，不過切小塊使用的話則不會有影響。水分蒸散後風味也會變得更加辛辣，因此用量方面要稍加注意。

買回家放了幾天，薑怎麼變綠色了？

薑在土裡生長，但是偶爾也會發生自土裡挖出後繼續生長的情況。薑會變成綠色是因為接收日照行光合作用所導致，因此不需要擔心。

薑發芽了怎麼辦？

買回家後放在廚房，幾天後發現薑發芽了，這代表你買到的是生命力旺盛的好薑。因為其不但未腐壞，還繼續生長。雖然馬鈴薯發芽後會產生毒素，但發芽的薑不僅可以食用，還具有剛挖出來的嫩薑般的爽口滋味。只取芽的部分下鍋油炸，便是一道絕品美味料理。

要怎麼用薑入菜？一次學會薑的用途

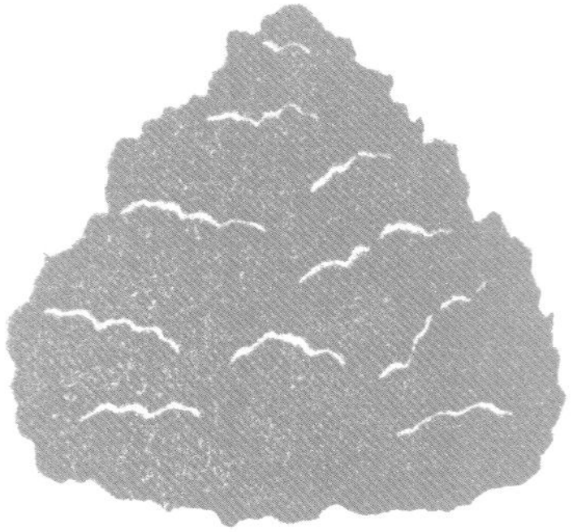

薑泥

讓薑的纖維垂直於磨泥器，直立著研磨，如此一來能把薑的纖維細細地切斷，磨出好吃的薑泥。若經常在料理中用到薑泥，可以一次磨多一點冷凍起來，會方便許多。

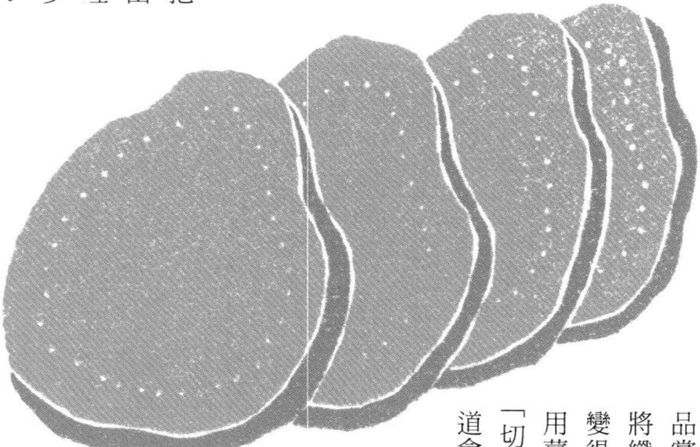

薑片

薑片和薑絲一樣，切的方向會影響口感。順著纖維切能品嘗到脆脆的口感，反之若將纖維切斷，薑的口感則會變得鬆軟。燉煮的料理常會用薑來去腥，此時推薦使用「切斷纖維」的切法，薑的味道會更加鮮明。

碎薑

燉菜、炒菜或是調製飲料時，如果只是要有薑的氣味，重點不在食用，可以用刀面把薑拍碎。薑上頭突起的瘤狀部位大小適中，可以直接用手折斷拍碎使用。

薑絲

依據切的方向不同會影響薑的口感。順著纖維切，口感較順滑，很適合作為精緻和食料理的佐料。切斷纖維，則口感粗糙，用來搭配中式或南洋料理特別對味。

薑丁

本書有介紹用薑丁做燉煮料理和醬料的食譜。切丁能品嚐到口感，咀嚼時風味也較強烈。反之，切成細末時，風味會變得沉穩細緻。

乾薑

薑切薄片後烘乾，可長期保存。放進燉菜或飲料裡，能慢慢釋放風味。削下的皮乾燥後也能照樣運用，一點也不浪費。

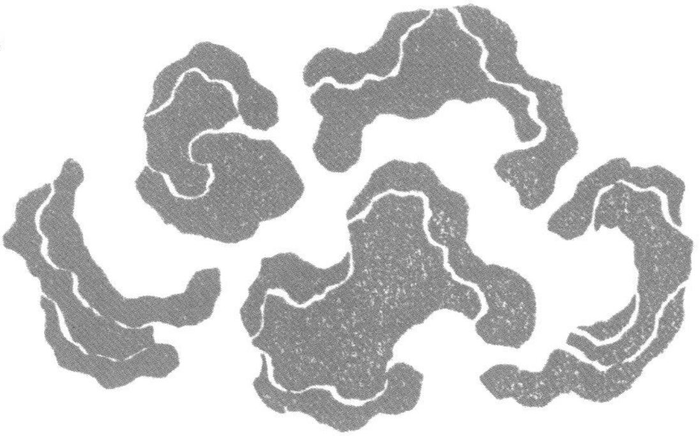

薑的基本前置作業

薑皮如何處置？

通常無須削皮

薑皮底下含有豐富的芳香及營養成分，因此在使用時建議不要削皮。特別是用來炒菜或燉煮食物的時候，不削皮更能釋放風味。外皮如果有變黑的地方，只要用湯匙等工具刮掉即可。

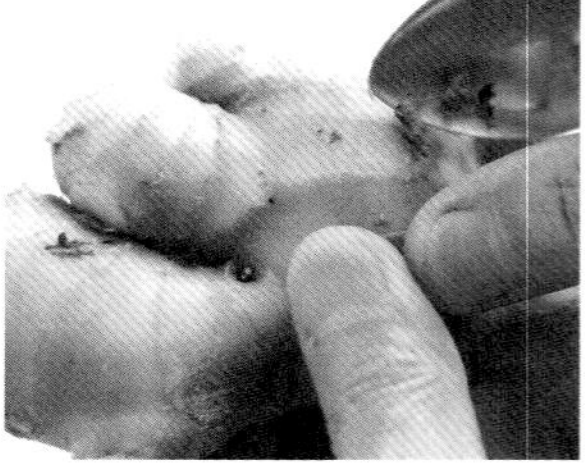

把皮厚厚地削掉

製作和食的醬漬涼菜等需要展現纖細風味的料理時，薑皮特有的土味會讓料理扣分。這種時候就可以用菜刀將外皮厚厚地削掉再使用。削下來的皮則可以乾燥後保存，要用的時候會很方便。

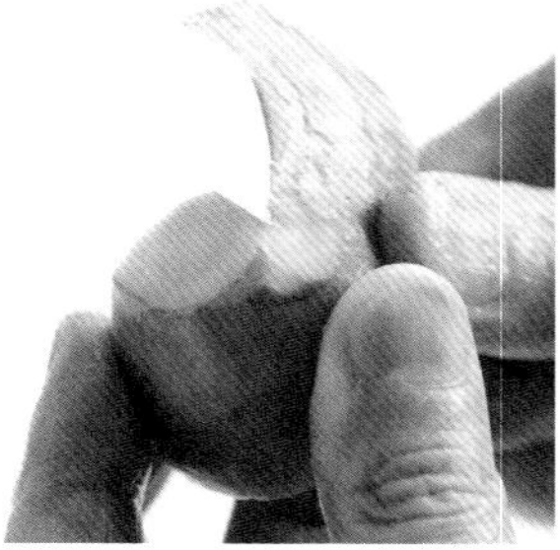

食譜的「一塊薑」是多大？

「一塊薑」相當於大拇指第一關節的大小。磨成泥的話大約為2小匙。

超市賣的軟管裝薑泥好用嗎？

軟管裝薑泥用起來很方便，不過風味和滋味都不及新鮮的薑。雖然有一些料理確實可以用軟管裝薑泥來代替，然而使用本書食譜時，還是請各位選用新鮮的薑。

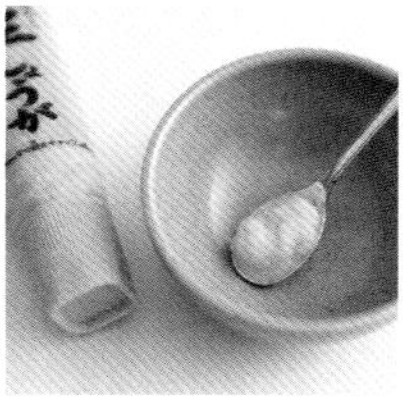

重點

合金鋼菜刀的金屬元素易使薑變質，因此切薑的時候建議選擇不銹鋼或陶瓷材質的菜刀。視薑生長的形狀也可以直接用手折斷使用。

乾薑

鋪在竹簍上讓水分蒸散，做成乾薑。乾薑的詳細作法請參照 P.44。

如何處理瘤狀部位？

薑表面突起的小顆瘤狀部位，如果覺得處理起來很礙事，可以直接用手折斷。

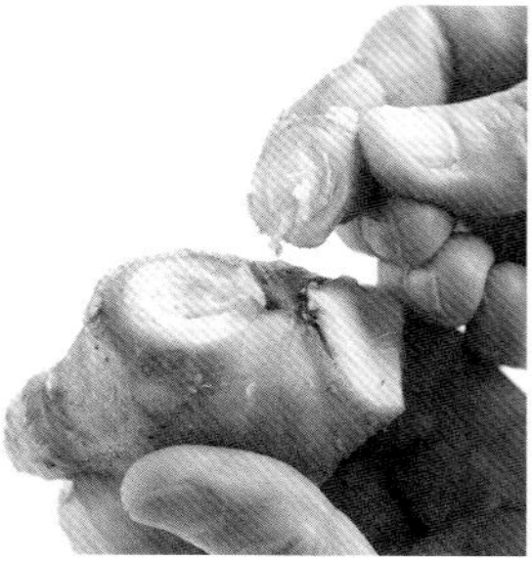

折斷的瘤狀部位，可用刀面拍碎，放進燉煮料理中，或是切成薄片做成乾薑也很方便。

薑要怎麼切？

搞懂纖維的方向

薑的纖維垂直於表皮上面的橫線。因此，垂直於橫線切的時候便是「順著纖維」，而平行於橫線切的時候，則是「切斷纖維」。切斷纖維的時候，切面可以看見氣泡般小小的孔洞。

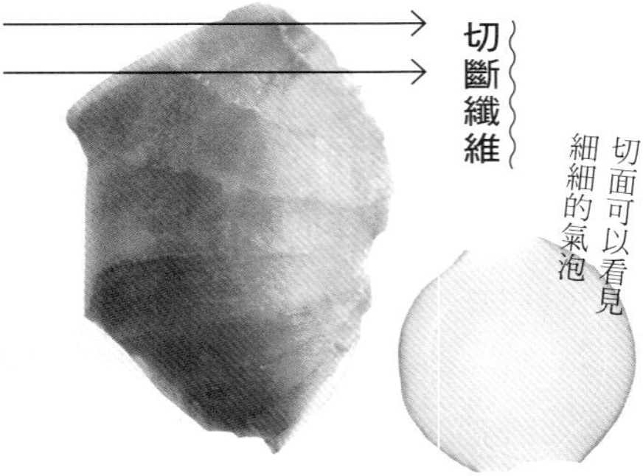

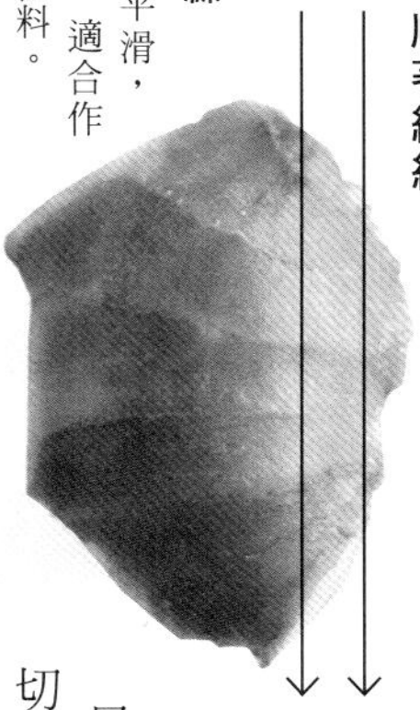

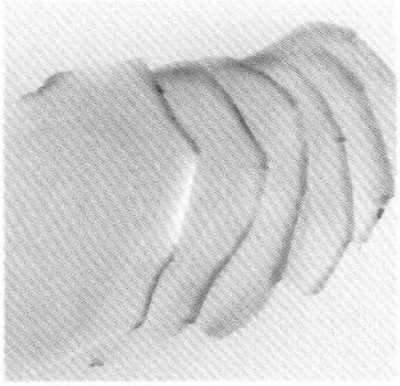

順著纖維切薄片

清脆的口感，適合做成醃漬小菜等以口感為重點的料理。

順著纖維切絲

薑絲表面平滑，口感細緻。適合作為和食的佐料。

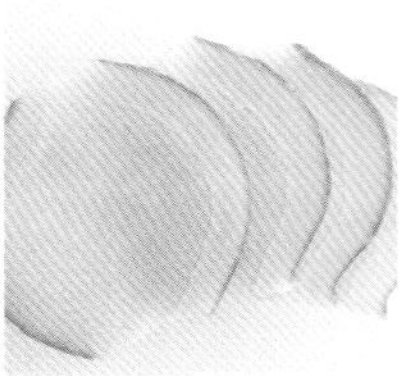

切斷纖維切薄片

口感鬆軟，容易入味。適合拿來做薑汁糖漿或糖漬薑片等。

切斷纖維切絲

薑絲表面滿布纖維，很有嚼感。較常運用在中式或南洋料理。

薑會依據切法不同，而呈現不同的口感和風味。順著纖維切時，等於完整保留了纖維，咬起來清脆爽口。切絲的時候順著纖維切，薑絲的表面會較為平滑漂亮。和食料理不可或缺的細薑絲——針生薑，就是順著纖維切絲並在冷水中浸泡製成。由於纖維沒有被切斷，泡過水後風味猶存。

另一方面，把纖維切斷時，口感則會變得鬆軟。由於細胞受到破壞，更容易入味。烹調時上下翻動也更容易釋放風味，此外，纖維被切斷後，香氣也更為強烈。特別適合用來去除魚的腥味。

薑泥怎麼磨？

墊一張鋁箔紙，清洗起來好輕鬆

1 在磨泥器上面墊一張鋁箔紙。磨泥器的材質推薦選擇不鏽鋼，效果會比陶瓷佳。

2 薑的纖維方向垂直於磨泥器，像畫圓一樣慢慢研磨。

3 取下鋁箔紙。纖維也會黏在鋁箔紙上，如此一來在清洗磨泥器時更輕鬆。

在研磨薑泥時，纖維的方向同樣也是重點。研磨時，直立拿取薑，並讓纖維垂直於磨泥器細細地磨斷，如此一來磨出來的薑泥會帶有薑汁，風味恰到好處。若將纖維平行於磨泥器研磨，較長的纖維容易卡在磨泥器上，磨起來需要花費更多力氣。

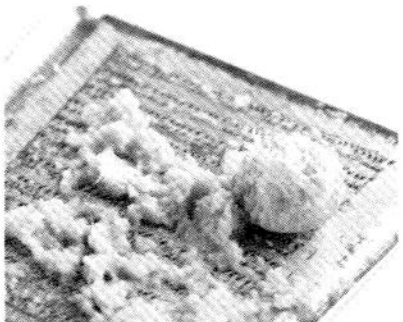

若不墊鋁箔紙，纖維會卡在磨泥器上，磨起來會心煩意亂。

沒有使用鋁箔紙時，拿竹刷來清潔用完的磨泥器也十分方便。

重點

找一個適合研磨薑泥的磨泥器十分重要。本書使用的磨泥器是料理同好們一致好評的「京都有次」出品。

如何保存薑？

室溫陰涼處是基本條件

薑最適合存放在溫度15℃、濕度90％且未受陽光直射的環境。在運送途中或是超市販售時，經常會把薑冷藏起來，然而其實薑並不適合冷藏保存。一般而言，春季或秋冬時，建議室溫保存即可。夏季室內溫度較高，溫度和濕度條件也根據居住環境而有所差異，只要留意避免冷藏過度而導致乾燥，冰起來保存仍是一項解決辦法。

室溫

防止乾燥的保存法

◎保存期限　約2週

在薑的表面尚未變乾且皮帶光澤的狀態下放入夾鏈袋，擠出空氣後密封起來，放在廚房的陰涼處保存。

冷藏

用廣告紙包起來避免寒氣

◎保存期限　約2週

1

2

1　用2～3張重疊的廣告紙把薑包起來。包的時候不要包太緊，讓薑和紙之間保留些許空隙。

2　放入夾鏈袋，擠出空氣後密封起來。接著，放進冰箱裡的蔬果室等弱冷處保存。

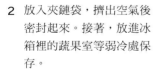

冷凍

◎保存期限　皆為1個月左右

分小匙冷凍保存

用小湯匙把磨成泥的薑挖成球狀，一球球排列在調理盤上。接著將調理盤直接放進冷凍庫，待薑泥球凍住後裝入夾鏈袋，再放回冷凍庫即可。

以小湯匙為單位分小份保存，使用時分量一目瞭然，拿取需用的量即可。例如想使用少量的薑泡茶時，這樣取用起來特別方便。

鋪成平板狀冷凍保存

把磨成泥的薑裝入夾鏈袋，一邊擠出空氣一邊鋪平密封起來，放進冷凍庫保存。使用的時候只需用手掰開需用的分量即可。

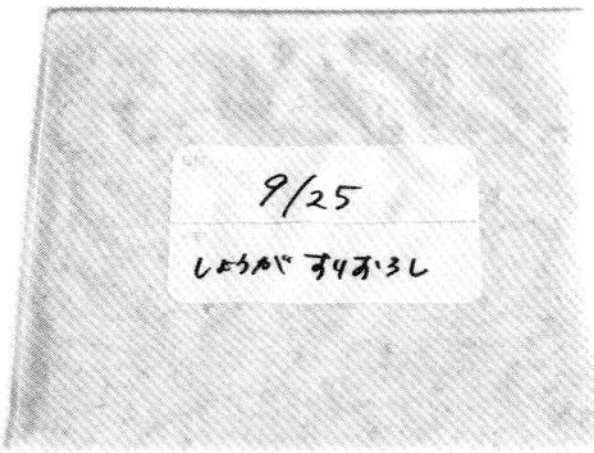

以目測決定分量或是燉菜等料理常需大量使用時，特別推薦此種保存方式。在冷凍狀態下就可以直接掰斷，取用所需分量。

切薄片冷凍保存

連皮切成薄片，在調理盤上平鋪開來，放入冷凍庫，凍住之後裝入夾鏈袋，再放回冷凍庫即可。

整塊冷凍保存

將一塊塊的薑放入夾鏈袋冷凍保存。從冷凍拿出來後，可以直接磨成泥使用，只是需要花點力氣。

薑汁糖漿

無論是加氣泡水稀釋做成薑汁汽水，
或是當作糖漿淋在鬆餅或杏仁豆腐上，
甚至是加在咖哩、中國菜等辛辣料理中，
用來提味都很棒。
將糖漿中的薑片取出乾燥後可以配茶享用，
是一道蘊含風味的小點心。

薑汁糖漿的作法

材料（容易製作的分量／約 400㎖）

薑 … **300g**
細砂糖 … 300g
水 … 300㎖

1　以切斷纖維的方向把薑切成薄片。

2　鍋中放入薑和細砂糖，在常溫下放置 1 小時以上。

3　待薑出水且薑片邊緣漸漸起皺之後，倒入水，開中火加熱。煮滾後將水面上的浮沫撈除，轉小火煮 30 分鐘左右。

4　煮到出現糖漿的光澤感就差不多了。用濾網過濾糖漿，放涼後裝入乾淨的保存容器中，放冰箱冷藏保存。

◎ 保存期限約為 1 個月

※ 可依喜好添加肉桂棒、丁香粒等香料一起煮，煮好後加點檸檬汁也很棒。

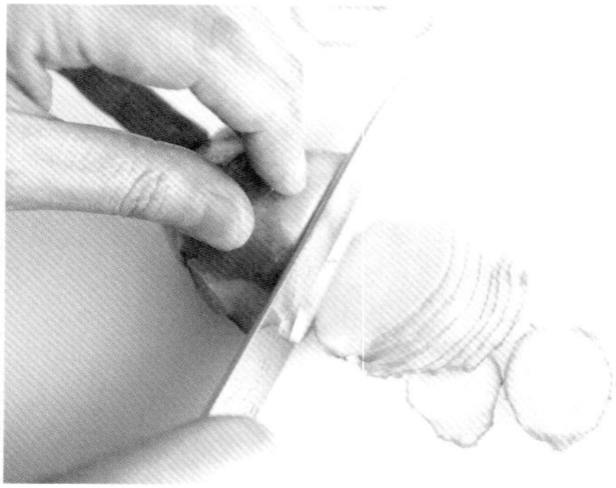

1

2

3

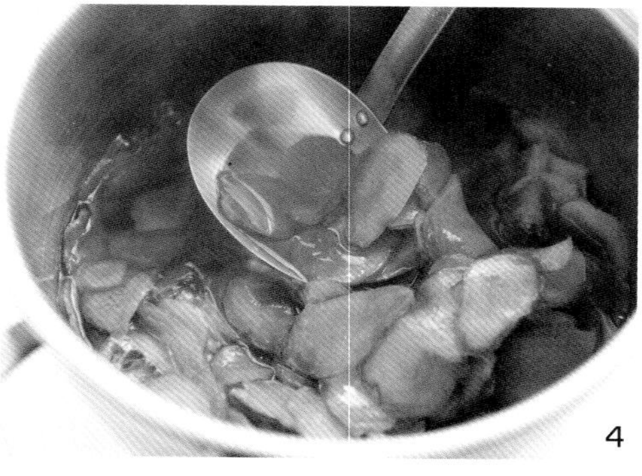

4

砂糖薑片

能充分品嘗到薑的辛辣滋味，適合大人口味的小點心。
鬆軟的口感讓人吃了停不下來。

材料

薑汁糖漿的薑 … 適量

細砂糖 … 適量

1 從鍋中取出煮糖漿的薑片，排在鋪了烘焙紙的烤盤上，放進 100℃的烤箱烤 20 分鐘。

2 在作法 1 的薑片撒上細砂糖，一樣用 100℃的烤箱烤 30 分鐘左右，讓薑片乾燥。

糖漬檸檬薑片

檸檬、薑與砂糖拌在一起靜置一段時間，就能做出酸甜滋味的糖漿。檸檬沾附了薑的風味，可以直接食用。

材料（容易製作的分量）

薑 … 100 g
檸檬（無蠟且未噴灑農藥的檸檬）… 2個（200 g）
細砂糖 … 200 g

1 以切斷纖維的方向將帶皮的薑切成薄片。檸檬兩端分別切掉 2cm 左右，中間的部分切成 2mm 厚的薄片。

2 在煮沸消毒過的保存瓶中，交互加入薑片、檸檬片和細砂糖。

3 將作法 1 切下的兩端小塊檸檬的汁液擠出，澆淋在作法 2 上面。

4 蓋上瓶蓋，靜置於陰涼處，偶爾搖動瓶身使細砂糖加速融化。待細砂糖完全融化就完成了。放冰箱冷藏保存。

◎ **保存期限約 1 個月**

注入熱水或冷水
就是速成的薑汁檸檬水

杯中裝入糖漬檸檬薑片和糖漿，注入熱水即是溫暖酸甜的飲料。兌氣泡水或冷水也很好喝。

乾薑的作法

◎保存期限約半年

乾燥前

1 以切斷纖維的方向把薑切成 2mm 的薄片，在竹簍或紙巾上平鋪開來互不重疊。放置於室內通風處約 1 星期，讓薑片充分乾燥。乾燥的時間要根據季節或室溫、濕度而調整。

乾燥後

2 乾燥完成的薑，水分徹底蒸散後變得小小的。放進玻璃瓶或保鮮袋等密封容器內保存。

重點

想讓薑更快乾燥時，可將切薄片的薑不相重疊地鋪在耐熱盤上，不蓋保鮮膜微波（600W）加熱 3 分鐘左右，先讓薑片變半乾，接著再與作法 1 一樣進行乾燥。

薑有90%是水分，進行乾燥後，體積會縮小到原本的十分之一。即使是厚厚地削下來的薑皮，乾燥後也一樣縮小到令人訝異，保存起來一點也不占空間。乾燥後的薑可以在冷水或熱水裡慢慢泡開，風味也會慢慢釋放出來。除了拿來泡茶之外，還可以煮湯或加在糖燉水果裡面，比起大火滾沸，乾薑更適合用來製作需要慢慢燉煮的料理或甜點。最方便的用法莫過於「乾薑白湯」，早上起床時在杯子裡放幾片乾薑，注入熱水後蓋上杯蓋。等到洗完臉、換好衣服後，薑的風味正好釋放到恰到好處，溫度也正好適合飲用。

乾薑梅子煎茶

材料（1杯份）

乾薑※ … 1～2片
取下梅肉的梅乾籽 … 1個
綠茶 … 1杯
※也可以使用新鮮的薑。

1 在溫熱過的杯子或茶壺裡放入乾薑和梅乾籽，注入熱綠茶。

2 蓋上蓋子浸泡 10 ～ 20 分鐘即可飲用。

乾燥薑皮＋乾香菇燉雞肉湯

材料（容易製作的分量）

乾薑皮 … 4～5片
乾香菇 … 2朵(6g)
雞翅 … 5支
大蔥 … 20㎝
水 … 1ℓ
米酒 … 1/4杯
鹽 … 1小匙
粗磨黑胡椒 … 少許

1 鍋裡放入乾薑皮、乾香菇，倒入1L水浸泡待香菇泡開。香菇泡開後，切除菇柄末端。

2 雞翅用粗鹽（分量外）搓揉，再用水沖洗乾淨。

3 大蔥切成4等分，兩側用刀像切絲一般斜畫上細密的切口，但不切斷。

4 將作法2和作法3加入作法1裡，倒入米酒和鹽，開火加熱，煮的時候一邊撈除浮沫。

5 鍋蓋斜斜地放在鍋子上，留些空隙不蓋緊，用最小火煮約1小時。盛入碗裡後撒上黑胡椒即可享用。

薑汁糖燉蘋果

材料（容易製作的分量／4人份）

蘋果（富士品種為佳）… 2顆（640g）

乾薑皮 … 4～5片

A 白葡萄酒 … 1杯
水 … 2杯
細砂糖 … 150g
檸檬汁 … 2大匙
肉桂棒 … 約小指第一關節的大小
小豆蔻 … 2～3粒

1 蘋果洗淨去皮，縱切成一半後挖除果芯。

2 鍋裡放入A煮滾，待細砂糖溶化後放入蘋果和乾薑皮。

3 用厚廚房紙巾或烘焙紙做落蓋，以小火煮15分鐘。用竹籤刺刺看蘋果，稍微需要花點力氣才能刺進去的程度即可離火，靜置放涼。

4 裝進乾淨的保存容器中，放入冰箱冷藏。

生薑專賣店的老闆專欄

薑的各種稱號

依據種植、收成的方法，或是大小等，使得薑有許多不同的稱號。

一般而言，薑在秋天收成，剛採收的即稱為「嫩薑」，經過一段時間熟成後，則稱為「老薑」或「薑母」。名稱隨著時間而改變，這點十分有趣。在日本，生產者之間習慣把老薑稱為「囲生薑」，而偶爾會聽見消費者稱之為「新鮮生薑」。

在薑的種類當中，還有一種約為小指大小即採收的「連葉嫩薑」，其中最具代表性的便是「谷中生薑」。如其名，連葉嫩薑即是帶著葉子的嫩薑。

從前日本人把薑、山葵、山椒等辛辣植物統稱為「矢生薑」。而現在和食餐廳常見附在烤魚旁的「矢生薑」則多為連葉嫩薑。

此外，日本也會因薑的大小而有不同名稱。嫩薑多為「大生薑」、連葉嫩薑則為「小生薑」，甚至還有用來做醃漬物等料理的「中生薑」。

2 章

方便的常備薑配料
萬用調味料與漬物

薑味十足的常備薑配料

夾一點在現有的食材上，
或是拌一拌吃，
就能快速做好一道菜。
省去每次都必須切薑或磨薑的手續。

常備薑配料

薑絲肉醬

用大量的薑絲炒豬絞肉，
再以米酒和醬油簡單調味的一道菜
直接舀一匙在冷豆腐上，
或是燉肉時加一點，
也可以炒蔬菜、當作涼麵的配料……，
輕輕鬆鬆就能做出有滋有味
又分量十足的料理。
甚至也可以直接配白飯享用。

材料（容易製作的分量）

薑【切絲】… 100g
豬絞肉 … 500g
植物油 … 1大匙
A 砂糖 … 1大匙
米酒 … 2大匙
醬油 … 3大匙

1 平底鍋中倒入植物油，薑絲下鍋以小火炒香，接著放入絞肉，轉中火把肉炒開。

2 絞肉炒散開來且肉色變白後，加入A，稍微把火再轉大一些，炒至醬汁收乾。

3 把絞肉炒到逼出澄澈的油脂後離火。放涼後把絞肉緊密地填入乾淨的保存容器，盡量不留空隙，放入冰箱冷藏保存。

※ 可用保鮮膜覆蓋在表面，讓空氣排出，保存效果更佳。

◎ **保存期限約2週**

薑絲肉醬生菜丼飯

材料（2人份）

薑絲肉醬（參照上方作法）… 100g
生菜 … 4片
西洋芹 … 1/2根
紫洋蔥 … 1/8顆
茗荷 … 1個
香菜 … 2株
花生（切碎）… 2大匙
溫熱的白飯 … 2碗
A 魚露 … 1大匙
檸檬汁 … 1大匙
水 … 1大匙
砂糖 … 1小匙～2小匙
植物油 … 2小匙
紅辣椒（切末）※ … 1/2根
粗磨黑胡椒 … 少許

※也可用少許辣椒粉代替。

薑絲肉醬燉馬鈴薯

材料（4人份）

薑絲肉醬（參照右頁作法）
… 1杯

洋蔥 … 1顆
馬鈴薯 … 3個（450g）
四季豆 … 12根
A　醬油 … 3大匙
　　米酒 … 1/2杯
　　砂糖 … 1大匙

1 洋蔥對半切開，再各縱切成6等分。馬鈴薯切成一口大小，四季豆切成3～4cm長。

2 取一只鍋壁較厚的鍋子，依序交疊放入洋蔥、馬鈴薯、薑絲肉醬，再倒入A，開中火加熱。

3 待醬汁滾開，蓋上鍋蓋以小火加熱5分鐘左右。稍微翻拌一下，再蓋上鍋蓋煮10分鐘左右。

4 放入四季豆拌一下，蓋上鍋蓋煮10分鐘左右。取下鍋蓋，把火轉大，從底部往上翻拌，把醬汁收乾至喜好的濃度即可起鍋。

1 生菜切成1cm寬及方便食用的長度。西洋芹縱切成一半，再斜切成薄片。紫洋蔥縱切成薄片，茗荷切絲，香菜切成約3cm長。

2 將A混拌均勻。

3 碗裡盛入白飯，漂亮地擺上作法1和薑絲肉醬。均勻淋上1～2大匙的作法2，撒上花生。拌勻即可享用。

常備薑配料

薑絲菇菇

滑順的入喉感，
咀嚼時能品嘗到薑的清爽香氣。
昆布的鮮味也充分釋出，
炎熱的天氣或是想吃點爽口的東西時，
選這道菜正好。
直接擺在熱騰騰的白飯上享用，
或是配著蘿蔔泥吃都很美味。

材料（容易製作的分量）

薑【切絲】… 50 g
香菇、鴻喜菇、金針菇 … 合計 500 g
醬油 … 1/4 杯
A 米酒… 1/2 杯
味醂… 1/2 杯
昆布（5cm 正方形）… 2 片

1 香菇、鴻喜菇、金針菇切除根部。接著將香菇切成 5mm 的薄片、鴻喜菇用手撥散、金針菇長度切成一半。

2 鍋裡放入 A，靜置 1 小時左右，隨後取出泡軟的昆布切絲，再放回鍋中。

3 以中火將作法 2 煮沸，加入醬油、薑絲和作法 1。再次滾沸後蓋上鍋蓋，轉小火煮 5 分鐘。

4 開蓋攪拌一下，再蓋回鍋蓋煮 7 ～ 8 分鐘，把醬汁煮到濃稠即可離火。放涼後裝入乾淨的保存容器裡，放冰箱冷藏保存。

※ 可用保鮮膜覆蓋在表面，讓空氣排出，保存效果更佳。

◎ **保存期限約 2 週**

乾拌烏龍麵

材料（2 人份）

薑絲菇菇（參照上方作法）… **3/4 杯**
白蘿蔔泥 … 1/2 杯（適度將多餘的水分瀝除）
蔥（切蔥花）… 2 大匙
茗荷（切絲）… 1/2 個
白芝麻 … 少許
醬油 … 適量
烏龍麵 … 2 球

1 烏龍麵煮熟後，泡冰水讓麵條 Q 彈，把水分充分瀝乾後夾入碗裡。

2 擺上薑絲菇菇、白蘿蔔泥和蔥花、茗荷，撒上白芝麻。

3 淋上醬油，拌匀享用。

百菇湯

材料（2人份）

薑絲菇菇（參照右頁作法）…1杯

白蘿蔔…1.5㎝

大蔥…6㎝

油豆腐皮…$^1/_2$片

水…300㎖

醬油…適量

七味辣椒粉…依喜好添加少許

1 白蘿蔔切成5mm厚的扇形，大蔥切成1cm寬，油豆腐皮切成小片的長方形。

2 鍋裡放入薑絲菇菇、白蘿蔔、大蔥，倒入水以中火加熱，煮滾後轉小火，煮到白蘿蔔變軟。

3 放入油豆腐皮，以醬油調味。可依喜好撒點七味辣椒粉。

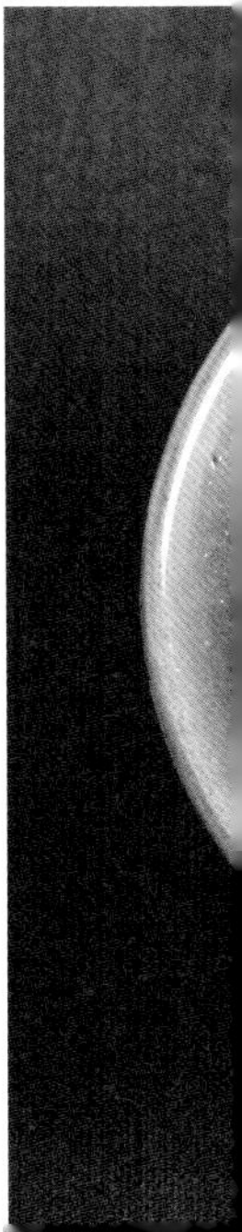

常備薑配料

味噌薑絲青椒

把風味相匹配的薑和青椒炒成甜甜鹹鹹、適合配飯及下酒的「吃的味噌」。薑的辣味和香氣成為提味亮點，冷藏保存也不減美味。適合搭配豆腐或豆芽菜等滋味清淡的食材。

材料（容易製作的分量）

薑【切絲】… 50 g
青椒 … 200 g
植物油 … 1大匙
A　味噌 … 150 g
　　米酒 … 2大匙
　　砂糖 … 3大匙
麻油 … 1小匙
白芝麻 … 2小匙

1 青椒對半切開，切除蒂頭並去籽，再切成 3mm 寬的細條狀，同時把纖維切斷。

2 將 A 混拌均勻。

3 鍋裡倒入植物油，薑絲下鍋以小火炒香，加入切好的青椒轉中火拌炒。

4 青椒炒軟後加入作法 2，開始滾沸時把火轉小，再花 5～6 分鐘一邊煮一邊拌勻。

5 待醬汁尚未完全收乾，鍋裡的食材呈現濕潤飽滿狀時，加入麻油、白芝麻拌勻。放涼後裝入乾淨的保存容器裡，放冰箱冷藏保存。

※ 可用保鮮膜覆蓋在表面，讓空氣排出，保存效果更佳。

◎ **保存期限約 2 週**

煎烤油豆腐

材料（2 人份）

味噌薑絲青椒（參照上方作法）
… 適量
油豆腐 … 1片
大蔥（切蔥花）… 適量
辣椒粉 … 依喜好添加少許

1 油豆腐用烤盤或平底鍋將表面煎烤到酥脆，交叉對切成 4 等分的三角形，盛入盤裡。

2 把味噌薑絲青椒放在油豆腐上，再擺上蔥花，依喜好撒些辣椒粉。

豆芽菜炒豬肉

1 豬肉片切成方便食用的大小。

2 將 A 混拌均勻。

3 平底鍋中倒入植物油，以中火熱鍋，放入作法 1 翻炒。待肉上色且逼出油脂後放入豆芽菜，轉大火拌炒。

4 炒到豆芽菜的顏色變半透明後，加入作法 2 炒勻。

5 炒出味噌的香味後，將麻油以繞圈方式淋入鍋裡。熄火盛盤，依喜好撒上辣椒粉享用。

材料（2 人份）

豬五花肉片 … 120 g

豆芽菜 … 200 g

植物油 … 少許

A **味噌薑絲青椒**（參照上方作法）… **2又 $^1/_2$ 大匙**

米酒 … 1 大匙

味醂 … 1 小匙

麻油 … $^1/_2$ 小匙

辣椒粉 … 依喜好添加少許

常備薑配料

鹽味佃煮薑絲

這是一道能直接品嘗到薑的爽口滋味的鹽燒配料。捏成飯糰或是搭配蔬菜涼拌都很美味。撒上芝麻讓風味更有層次，很適合少一味時加上一點。

材料（容易製作的分量）

薑 … 100g
柴魚 … 1.5g
白芝麻 … 1大匙
A　米酒 … $^{1}/_{4}$杯
　　砂糖 … 1大匙
　　鹽 … 略少於1小匙
　　味醂 … 1又$^{1}/_{2}$大匙

1 薑削皮後，以切斷纖維的方式切成薄片，再切絲。

2 鍋裡裝滿水，煮滾後將作法 1 下鍋煮 2 分鐘左右，瀝乾水分。試試味道若覺得太辛辣，可以再煮一回。

3 將作法 2 擠乾水分後，和 A 一起下鍋以中火滾沸，接著把火稍微轉小，在醬汁還沒收乾時繼續燉煮，同時一邊拌炒。

4 炒至醬汁收乾後，加入柴魚和白芝麻拌勻。放涼後裝入乾淨的保存容器，放冰箱冷藏保存。
※ 可用保鮮膜覆蓋在表面，讓空氣排出，保存效果更佳。

◎ **保存期限約 3 週**

小黃瓜醋拌海帶芽

材料（2 人份）

小黃瓜 … 1根
乾燥海帶芽（鹽漬）… 10g
A　**鹽味佃煮薑絲（參照上方作法）**
　　… 1又$^{1}/_{2}$大匙
　　醋 … 2小匙
　　水 … 1大匙

1 小黃瓜切薄片，撒上 ½ 小匙的鹽（分量外）靜置片刻。小黃瓜變軟後用水將鹽沖掉，用棉布或紙巾包起來，將水分擠乾。

2 將海帶芽上的鹽沖掉，用水泡開，切成方便使用的大小。

3 調理盆中放入 A 混合，再將作法 1 和 2 一起放進去拌勻。

薑絲魩仔魚炒飯

材料（2人份）

鹽味佃煮薑絲（參照右頁作法）
… 2大匙

魩仔魚 … 20g
蔥的蔥綠部分 … 10cm
溫熱的白飯 … 2碗
醬油 … 少許
植物油 … 2小匙

1 將蔥的蔥綠部分切成蔥花。

2 平底鍋中倒入植物油以中火加熱，放入魩仔魚和作法1拌炒。

3 將白飯和鹽味佃煮薑絲下鍋一起炒，炒到白飯粒粒分明，淋上醬油調味即完成。

常備薑配料

薑泥堅果抹醬

滋味溫和的核桃醬，
加上薑之後增添了風味和辛辣感，
形成更有層次的味道。
依喜好添加砂糖，
做成調味醬拿來涼拌蔬菜，
或是像花生醬一樣抹在麵包上都可以。

材料（容易製作的分量）

薑【帶皮切丁】… 80 g

核桃（已烘焙）… 100 g

鹽 … 1小匙（6g）

植物油 … 5大匙

將全部的材料用食物調理機打成泥狀，裝入乾淨的保存容器，放入冰箱冷藏保存。

※ 可用保鮮膜覆蓋在表面，讓空氣排出，保存效果更佳。

◎ **保存期限冷藏約 1 個月、冷凍約 2 個月**

薑泥堅果奶油義大利麵

材料（2 人份）

薑泥堅果抹醬（參照上方作法）**… 3 大匙**

義大利麵 … 160 g

培根（切成條狀）… 30 g

奶油 … 20 g

液態鮮奶油（乳脂肪 35%）… 1/2 杯

帕瑪森起司 … 適量

粗磨黑胡椒 … 少許

平葉巴西里（切碎）… 少許

頂級冷壓初榨橄欖油 … 2小匙

鹽 … 適量

薑泥堅果棒棒雞

材料（2人份）

水煮雞（參照左方作法）… 1/2片
番茄（小）… 1/2個
小黃瓜 … 1/2根

醬汁

薑泥堅果抹醬
（參照右頁作法）… 2大匙
大蔥（切碎）… 2大匙
醬油 … 2小匙
砂糖 … 1小匙
醋 … 1小匙
豆瓣醬 … 1/2小匙
麻油 … 1小匙

1 將醬汁的材料混拌均勻。

2 水煮雞切成7～8mm厚的薄片，番茄縱切成薄片，小黃瓜切成方便食用的長度再切絲。

3 盤裡放入作法2，雞肉淋上作法1即可享用。

水煮雞

材料（容易製作的分量）

薑皮 … 3～4枚
雞腿肉 … 1片（300g）
A 鹽 … 1小匙
　米酒 … 1小匙
蔥的蔥綠部分 … 1根
水 … 800mℓ

1 將雞肉上多餘的油脂切除，搓抹上A之後冷藏1小時左右。

2 鍋中放入水、蔥、薑皮，以大火煮沸。

3 用水沖一下作法1，雞皮面朝下放入作法2的鍋中，再度煮沸後調節火候，讓水維持在微滾狀態繼續煮5分鐘，翻面後再煮2分鐘，離火放涼。取出雞肉，用煮汁浸泡放入冰箱冷藏保存。

◎ 保存期限約4～5天

1 在3L的水裡加入2大匙的鹽滾沸，將義大利麵下鍋，烹煮時間依包裝袋上的說明時間再縮短1分鐘。

2 平底鍋中加入培根和薑泥堅果抹醬，以小火將培根的油脂逼出後，加入奶油和鮮奶油，轉中火將醬汁拌炒至濃稠。

3 在作法2裡加入½杯作法1的煮汁稀釋，再放入義大利麵。

4 輕輕搖動平底鍋，讓義大利麵吸收醬汁，適度添加煮汁將麵條煮至喜好的軟硬度，加鹽調味。

5 盛盤後撒上帕瑪森起司、黑胡椒、平葉巴西里，淋上橄欖油即可享用。

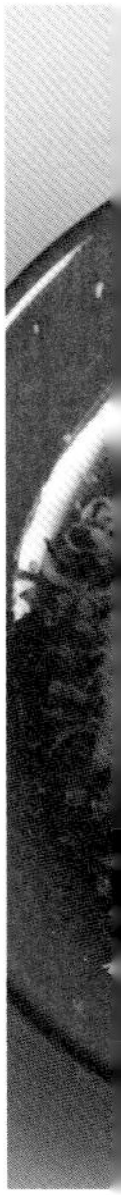

萬用的薑調味料

當作淋醬或配料，隨時都能品嘗到薑的滋味。用大量的薑製作的萬用調味料，讓每一天都能輕鬆備餐，享用美味又多變的料理。

碎薑辣油

加了滿滿的碎薑當配料的清爽辣油

材料（容易製作的分量）

薑【切碎】 … 80 g
大蔥（切碎）… 2大匙
粗磨韓國辣椒粉 … 2大匙
米酒 … 2小匙
砂糖 … 1小匙
鹽 … $^3/_4$小匙
白芝麻 … 2小匙
麻油 … 3大匙
植物油 … $^1/_2$杯

※若想加強辣度，可在作法1添加適量的辣椒粉。

1 在耐熱碗中放入辣椒粉，均勻淋上米酒。

2 鍋中倒入麻油加熱，開始冒出淡淡的煙時淋到作法1上，快速拌勻。

3 鍋中倒入植物油，放入碎薑和大蔥，以中火加熱，開始滋滋作響時轉小火，讓薑和蔥的水分收乾，同時留意不要燒焦。

4 薑和蔥微微煎上色後，放入作法1的耐熱碗中，加入砂糖、鹽、白芝麻拌勻。

5 放涼後裝入煮沸消毒過的玻璃瓶中，放入冰箱冷藏保存。

◎ **保存期限約3個月**

薑泥味噌

加了芝麻的亞洲料理風味佐料味噌

材料（容易製作的分量）

薑【磨成泥】 … 1又$^1/_2$大匙
味噌 … 100 g
白芝麻粉 … 1大匙
砂糖 … 1大匙
麻油 … $^1/_2$小匙

將全部的材料混拌均勻。裝入乾淨的保存容器中，放入冰箱冷藏保存。

◎ **保存期限約1個月**

炸薑絲

可隨心所欲搭配丼飯、麵類、涼拌菜

材料（容易製作的分量）

薑【切絲】… 200 g

植物油 … 1杯

植物油以低溫（160℃左右）加熱，將切絲的薑撥散下鍋。油炸時適時翻動薑絲避免燒焦。炸到酥脆後起鍋，將油瀝乾，放涼後裝入乾淨的保存容器中，放入冰箱冷藏或冷凍保存。

◎ 保存期限冷藏約 10 天、冷凍約 1 個月

※ 炸油可以當作薑油使用，用來製作辣油也可以。

蔥薑醬油

薑和蔥的風味，再加上柴魚高湯滋味的鮮美醬油

材料（容易製作的分量）

薑【磨成泥】… 3大匙

大蔥（切碎）… 3大匙

柴魚 … 3g

醬油 … 4大匙

將全部的材料混拌均勻。裝入乾淨的保存容器中，放入冰箱冷藏保存。

◎ 保存期限約 1 個月

脆烤豬五花、烤山藥、烤蓮藕、烤舞菇

「萬用的薑調味料」拿來沾肉或配菜，味道都很搭。可以試著自由搭配享用。

材料（2 人份）

各種「萬用的薑調味料」
(p.62) … 各適量

豬五花肉(塊) … 150 g
鹽 … 豬肉重量的1.5%
山藥 … 2.5㎝
蓮藕 … 2.5㎝
舞菇 … 50 g

1 豬肉表面用鹽搓抹，放冰箱冷藏至少一晚。擦乾表面水分，切成 7 ～ 8mm 厚且方便食用的大小。

2 山藥和蓮藕切成 7 ～ 8mm 厚的圓片，舞菇分成小份。

3 將作法 1 和 2 放進烤爐，烤出香味後取出盛盤，佐配「萬用的薑調味料」一起享用。

薑的醃漬物

以醬油、味噌或醋為基底製作醃漬液或醃漬醬，用來漬泡薑做成的保存食品。可以直接當成料理的配菜，或是拿來入菜，做出獨樹一格的風味料理。

薑的醃漬物

嫩薑白菜泡菜

「泡菜」是將蔬菜放入鹽水裡漬泡的醃漬物，起源於中國。可以切小塊直接食用，或是拿來炒菜、煮湯，發酵的鮮味能讓料理的風味更加豐富。

材料（容易製作的分量）

嫩薑（或老薑）… 300g
白菜 … 300g
燒酎 … 1大匙
A　水 … 800㎖
　　鹽 … 1又1/2大匙
　　砂糖 … 1大匙

※若想增加風味層次，可在A裡另外加上½小匙的花椒粒和1支紅辣椒。

1　鍋裡放入A的水，煮沸後加入鹽和砂糖融化。冷卻後倒入燒酎。

2　嫩薑切成適當的大小，清洗乾淨，將外皮變色的部分刮除。順著纖維切成2mm厚的薄片（若使用老薑，則以切斷纖維的方向切成2mm厚的圓片）。

3　將白菜芯切成5cm長、1cm寬的細條，葉子切小片後在竹簍上鋪開，在陽光下日曬半天。

4　在煮沸消毒過的容器中裝入作法2和3，再注入作法1。用保鮮膜當落蓋，緊密貼合液體表面。容器蓋上蓋子（不密封），置於常溫下。春夏時分大約1～2天會開始發酵，這時會出現細緻的泡沫和輕微的酸味。室溫較低時則約1星期開始發酵。接著放入冰箱冷藏保存。

◎　**保存期限約2個月。隨著發酵的進程，酸味和鮮味也會慢慢變強烈。**

泡菜鍋

加了薑一起醃漬的白菜鮮味甜美，
搭配花椒和紅辣椒，
清爽又刺激的口感，
讓人吃起來欲罷不能。

材料（容易製作的分量）

嫩薑白菜泡菜
（參照右頁作法、擠乾汁液後使用）… 150g

嫩薑白菜泡菜醃漬液 … 1杯
雞腿肉 … 300g
A 鹽 … $^2/_3$小匙
砂糖 … $^1/_2$小匙
米酒 … 2小匙
大蔥 … 1根
白菜 … $^1/_4$顆
植物油 … 2小匙
花椒（粒）… 1小匙
紅辣椒（去籽）… 2根

B 水 … 800㎖
砂糖 … 1又$^1/_2$大匙
醬油 … 4大匙

※花椒和紅辣椒的分量可依喜好自行調整。

1 從「嫩薑白菜泡菜」裡取出嫩薑和白菜。嫩薑切絲，擠乾白菜吸附的汁液。

2 雞肉切成方便食用的大小，用A搓揉入味，靜置30分鐘。若雞肉表面出水，要用紙巾擦乾。

3 大蔥斜切小段，白菜切小片。

4 鍋裡倒入植物油，以中火熱鍋，放入作法2和大蔥拌炒。表面上色後起鍋備用。

5 在作法4的鍋裡加適量的植物油（分量外），放入花椒和紅辣椒，以小火炒出香味和辣味後，放入作法1拌炒。炒勻後加入泡菜的醃漬液、B，滾沸，將作法4放回鍋裡。

6 撈除浮沫，放入白菜，將雞肉和蔬菜煮熟即可。

薑的醃漬物

紅薑絲

用赤梅醋醃漬的自製紅薑絲。酸味和香味清爽宜人。適合加入雞肉丸或醬油風味的炒飯等，享受直接入菜的美味。

材料（容易製作的分量）

嫩薑 … 300 g
粗鹽 … 2小匙
赤梅醋 … 1/2杯
醋（推薦使用蘋果醋）… 1/4杯

1 嫩薑切成適當的大小，清洗乾淨，將外皮變色的部分刮除。順著纖維切成3mm寬的細絲。放入調理盆中，撒上粗鹽，壓上重石靜置1小時。

2 將作法1的水分充分瀝乾後，在竹簍上鋪開，放置於通風良好且曬不到陽光的地方陰乾1小時左右。

3 將作法2裝入煮沸消毒過的玻璃瓶中，注入混合好的赤梅醋和醋，放入冰箱冷藏2～3天醃漬。

◎ **保存期限約半年（要確定瓶中的嫩薑有浸泡在醋裡）**

紅薑絲、洋蔥、竹輪什錦炸天婦羅

微辣的紅薑絲，
襯托出了洋蔥和竹輪的甜味。

材料（2人份）

紅薑絲（參照右頁作法）
… **2大匙**（瀝乾醃漬液後淨重20g）

洋蔥 … 1/4個
竹輪 … 2根（70g）
麵粉 … 4大匙
冷水 … 2大匙
炸油 … 適量

1 瀝乾紅薑絲的醃漬液。洋蔥順著纖維切成5mm寬的細絲，用手撥散。竹輪先將長度切一半，再切成細細的條狀。

2 調理盆中放入作法1，撒上麵粉，加入冷水大致拌勻。若不易結成一團，可額外加適量的麵粉和冷水。

3 用鍋鏟或大湯勺舀取適量的作法2，慢慢用「滑落」的方式將其放入170℃的油鍋裡。在表面炸到成形之前勿翻動，確定不會散開後再上下翻面，炸到酥脆後即可起鍋。

薑的醃漬物

甘醋漬薑片

切碎後可以放入許多料理中當作提味食材。將甜甜的滷豆皮切小片，配上甘醋漬薑片和白飯，就成了稻禾壽司風味的散壽司。醃漬液也可當作壽司醋使用，或是加在塔塔醬和沙拉醬裡也很不錯。

材料（容易製作的分量）

薑 … 300g

A 醋 … 1杯
砂糖 … 4大匙(45g)
鹽 … 1小匙(6g)

※此為減糖版的食譜。若偏好較甜的口味，可依喜好增加砂糖的分量。

※ 照片中左右分別為老薑和嫩薑製作的甘醋漬薑片。

1 薑去皮後，將變色的部分刮除，用水泡 10 分鐘左右。

2 用刨刀或一般菜刀順著纖維切片，盡量切薄一點。放入一大鍋滾沸的開水裡煮 2 分鐘左右，起鍋後用濾網瀝乾水分。試吃看看，若覺得還帶辛辣味，就再煮一次。

3 用清水沖洗冷卻，擠乾水分後裝入乾淨的耐熱保存容器或夾鏈袋密封保存。

4 鍋裡放入 A 滾沸一下，讓砂糖和鹽融化，接著趁熱倒進作法 3。不燙手後放冰箱冷藏保存，隔天就能食用。

◎ **保存期限約 1 年（也可以分裝成小份，使用起來更便利）**

用嫩薑製作時

將 300g 的嫩薑切分成適當的大小，清洗乾淨後將變色的部分刮除。順著纖維切片，盡量切薄一點，裝入乾淨的耐熱保存容器或夾鏈袋密封保存。和上方食譜的作法 4 一樣，趁熱倒入 A，不燙手後放冰箱冷藏保存。隔天就能食用，保存方式同上。

甘醋漬薑片涼拌蝦仁小黃瓜

甘醋漬薑片成了整道菜的亮點。就算不放蝦仁也是一道美味的料理。

材料（2人份）

甘醋漬薑片
（參照右頁作法、擠乾汁液後使用）… 40 g
甘醋漬薑片的醃漬液 … 1大匙
剝殼蝦仁 … 80 g
A 鹽 … 1/2小匙
片栗粉 … 1小匙
米酒 … 1小匙
小黃瓜 … 1根
鹽 … 1/2小匙
麻油 … 1小匙
熟白芝麻 … 1撮

1 剝殼蝦仁用 A 搓揉入味，醃漬 5 分鐘。汆燙一下，瀝乾水分，放涼備用。

2 小黃瓜用搗棒輕敲或用鍋鏟畫出刀痕，用手掰成方便食用的大小。撒上鹽靜置 20 分鐘，用廚房紙巾包起來擠乾水分。

3 將較大片的甘醋漬薑片切成小片。

4 調理盆中放入作法 3 和醃漬液，倒入麻油、作法 1 和 2 拌勻。盛盤後撒上白芝麻即可享用。

薑的醃漬物

味噌漬薑塊

切片後直接配著白飯享用，
或是放在起司上做成下酒菜都方便又美味。
剩下的味噌醃漬醬可以
繼續用來醃魚肉，
如此一來魚肉嘗起來
就會帶有薑的風味。

材料（容易製作的分量）

嫩薑 … 400 g

A 粗鹽 … 20 g
 砂糖 … 8 g

B 味噌 … 300 g
 砂糖 … 60 g

1 薑循著節紋切分，清洗乾淨，將較大塊的切成一半，再把變色的部分刮除。

2 準備一個較厚的密封袋，放入作法 1 和 A，充分揉捏入味，將袋中的空氣排出後密封起來。上面用 1 ～ 2kg 的重石（使用書籍雜誌等重物也行）壓住，每天上下翻面，醃漬 4 天左右。

3 待薑釋出水分後，取出將水分拭乾，在竹簍下方墊報紙或廚房紙巾，將薑放在竹簍上鋪開，放置於通風良好且曬不到陽光的地方陰乾半天～ 1 天。

4 將 B 倒入乾淨的保存容器中拌勻，再裝入作法 3。室溫下夏天約醃漬 1 星期，秋天則約 2 星期。試嘗味道，若覺得味道剛好就算醃漬完成。薑在醃漬的過程中會出水，使味噌變得水水的，因此要不時攪拌一下。醃漬好之後放入冰箱冷藏保存。

◎ 保存期限約 3 個月

味噌薑片豬肉卷

風味濃郁的豬肉，
配上莫札瑞拉起司和清脆微辣的薑，
滋味讓人欲罷不能。

材料（2人份）

味噌漬薑塊（參照右頁作法）… 40 g
豬里肌肉片 … 8片（200 g）
莫札瑞拉起司 … 100 g
青紫蘇 … 8片
低筋麵粉 … 適量
植物油 … $^1/_2$小匙
A 味噌漬薑塊的味噌 … 1大匙
味醂 … 1大匙

1 莫札瑞拉起司切成8等分，盡量切成條狀。

2 以切斷纖維的方向將味噌漬薑塊切成薄片。

3 豬肉一片片直向鋪開，在最靠近身側的一邊依序鋪上一片青紫蘇、一條作法1和⅛分量的作法2，再由前往後捲起來。剩下的肉片也比照辦理。

4 將作法3裹上一層薄薄的低筋麵粉。

5 平底鍋中倒入植物油，以中火加熱，將作法4的豬肉卷封口處朝下排入鍋裡，翻動煎烤，讓表面均勻上色。

6 煎到起司開始從兩端融出後，繞圈淋上拌勻的A。將火轉大，讓豬肉卷沾裹上融出的起司和醬汁，收乾到表面出現恰到好處的光澤時即可起鍋。

薑的醃漬物

醬油漬薑絲

可直接當作「吃的調味料」的醃漬物。
加上白蘿蔔泥沾取燒肉享用，
或是加些柴魚，拿來涼拌燙高麗菜也行。
甚至吃咖哩飯時配上一點、
淋在莫札瑞拉起司或酪梨上等，
也都能嚐到耳目一新的風味。

材料（容易製作的分量）

薑【切絲】 … 200 g
醬油 … 3/4 杯
米酒、味醂 … 各 1/4 杯

1. 薑絲裝入乾淨的耐熱容器中。
2. 鍋中放入米酒和味醂，煮沸讓酒精蒸發。
3. 醬油加進作法 2，開始滾沸後即離火，倒入作法 1 中。放涼後放冰箱冷藏保存。

◎ 保存期限約 2 個月

生蛋拌飯配醬油漬薑絲

薑清爽的香氣和生蛋的風味絕配。不敢吃生雞蛋的人也請嘗試看看。

材料（1人份）

醬油漬薑絲（參照右頁作法）
… **適量**

雞蛋 … 1顆

溫熱的白飯 … 1碗

1 白飯盛入碗裡，打上生蛋。

2 一旁擺上醬油漬薑絲，再淋上醬油醃漬液。

嫩薑豬肉天婦羅

將纖維細軟且辛辣爽口的嫩薑切成薄片享用。

材料（2人份）

嫩薑 … 40 g
豬肉片 … 200 g
青紫蘇 … 4枚
A 米酒 … 1小匙
醬油 … 1又 $1/2$ 小匙
鹽 … 1小搓
砂糖 … $1/2$ 小匙
B 低筋麵粉 … 2大匙
片栗粉 … 1大匙
水 … 3大匙
炸油 … 適量

1 豬肉片用A搓揉，靜置10分鐘入味。

2 嫩薑洗淨，以切斷纖維的方向切成2mm厚的薄片，分成8等分。青紫蘇縱切成一半。

3 將B拌勻作為麵衣。

4 將作法1分成8等分，擺上作法2的薑片，用青紫蘇卷起（參照下圖），裹上作法3，放入180℃的油鍋炸至酥脆。

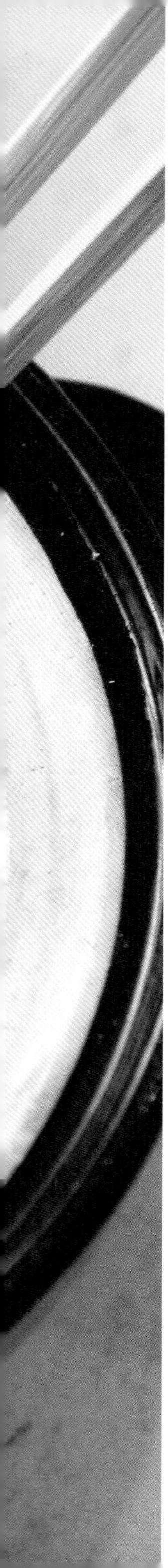

薑絲炊飯

新鮮的嫩薑用鹽搓揉，連同汁液一起倒入鍋裡，炊煮出香氣逼人的米飯。

材料（容易製作的分量）

嫩薑 … 40g
米 … 2杯
煮飯水 … 350㎖
米酒 … 2大匙
鹽 … 略少於1小匙
熟白芝麻 … 2小匙

1 米洗淨後瀝乾水分，靜置30分鐘。

2 嫩薑洗淨切絲，撒上鹽醃漬10分鐘。出水後過一下要拿來煮飯的水，再將水分擠回煮飯用水中拌勻。（直到飯煮好為止，盡量讓擠乾的薑絲保持濕潤狀態。）

3 在煮飯用的土鍋（或電子鍋）中放入作法1，再倒入作法2的水，加入米酒拌一下，即可開始炊煮。

4 飯煮好後，將薑絲撒在飯上，翻拌。盛入碗裡，撒上白芝麻即可享用。

採訪薑農：薑的栽種正因困難才有趣

在日本，薑栽種於高知、熊本、宮崎等溫暖氣候的區域，大部分由小規模農家栽培。我們這次採訪了長崎縣的薑農——福島先生。

福島先生在參加農業就業輔導進修農耕工作後，4年前回到老家開始栽種薑。福島先生的老家原本就是水蜜桃果園，現在除了栽培水蜜桃外，福島先生和父母及妻子四人也一起管理約15公畝大的薑田。

品質良好的薑來自健康有活力的土壤

其實，薑是栽種起來十分困難、需悉心照料的作物。無法連作（指在同一塊田地上每年種植同一種作物）、需要大量肥料、容易受病蟲害及颱風影響等特性，讓大多數的農家都退避三舍。

若能順利採收必能獲得報酬，但由於其栽種的失敗率高，農業界都認為「種薑是賭博」，沒有人能保證穩定採收，是一項高風險、高報酬的作物。

福島先生過去也有在埋下薑的種子時，因為田埂做得太高使土壤水分流失，而栽種失敗的慘痛經驗。

另一方面，由於栽種薑的農家很少，薑也成了一種能夠展現生產者個性的作物，而福島先生家的特色就是「健康的土壤」。福島先生認為，雖然一般常見的化學肥料能快速滲透土壤，用起來十分便利，但卻會削弱土壤的壽命，因此堅持不使用化學肥料，親手悉心照料田地，讓土壤肥沃健康。「就像人類也不能靠保健食品維

熬過辛苦的栽種期，歡喜收割的福島先生。

生，每一餐都應攝取米飯和蔬菜才健康，我認為人類和作物都是一樣的。」福島先生說。

不過，照顧土壤是一件需要耗費大量時間和精力的作業。福島先生形容，照顧土壤就如同人際之間的交往，時時刻刻用心地對待它就能感受到回饋，而這也正是困難與有趣之處。

採收的喜悅難以言喻

除草是種薑的辛勞工作之一。雖然

播種後首次冒出的「初生生長莖」。圖為6～7月時的狀態。

有噴灑除草劑的方法，但考量到土壤的健康，福島先生始終以雙手進行除草作業。初夏進入夏季時，是薑的生長期，同時也是雜草茂盛的時期。這時的除草工作得從清晨5點左右進行到日落時分，令人難以置信。除了在白天氣溫最高的時候休息之外，其餘大半的時間都在除草。

若放置雜草生長，會導致薑曬不到太陽，無法健康生長。因此才要不間斷地在雜草一長出來時就立即拔除。除草的同時，也會觀察每一株薑的狀態，看看它們是否有養分不足或生長到地面上等問題。

採收則是僅次於除草的另一項勞力活。無庸置疑地，採收也是完全採手工進行。用雙手把薑從土裡挖出、剪莖，接著拍掉薑上面的泥土、裝箱……這就是一連串薑的採收作業。對於薑農來說，從土裡挖出飽滿又健康強壯的薑時，感受到的喜悅是任何事都無法超越的。

剛剪莖的嫩薑。只有在這個時候能看見鮮豔的粉紅色。

生薑專賣店的老闆專欄

細心保存，一整年都有薑相伴

薑採收後，經過數月存放，便會從嫩薑變成老薑（薑母）。從前，薑農會把薑放在山腹的洞穴中，但隨著近年氣候暖化，洞穴中的溫度甚至有高過15℃的時候，因此越來越多薑農改用冰箱冷藏的方式存放。在定溫下存放，能讓今年採收的薑到明年採收期為止，都保持良好的狀態。順帶一提，大多數的薑農還得自己處理出貨的工作。把泥土清乾淨、切成適當的大小，有時候也需要自行裝箱出貨。

投入心力栽種採收的薑，是無論季節整年都能品嘗的作物，採收後還須細心管理、存放，最後才遞送到消費者手中。

保管、存放中的薑。尖尖的白色部位為薑芽。

3 章

加了薑讓家常菜更好吃

適合用薑烹調的食材與食譜

除了常見的經典組合，
也有令人耳目一新的搭配，
介紹與薑特別搭的食材及食譜。

薑＋青背魚

魚類當中，就屬青背魚與薑的風味特別相配。用薑來燉魚是最常見的作法，不過這裡是用削下的厚厚薑皮下鍋一起煮，發揮去除魚腥味的效果，盛盤後再擺上用冷水泡過的薑絲，能品嘗到生的薑所具有的清爽風味。

薑燉沙丁魚

材料（容易製作的分量）

薑 … 20g
沙丁魚（切掉魚頭、清除內臟）… 6尾
A　醬油 … 略多於3大匙
　　砂糖 … 2大匙
　　味醂 … 2小匙
　　米酒 … $^{1}/_{2}$杯
　　水 … 1又$^{1}/_{2}$杯

1. 厚厚地削下薑的薑皮，把薑切成極細的細絲，用冷水浸泡。薑皮則留著備用。
2. 將沙丁魚裡外都充分清洗乾淨，擦乾水分。
3. 選一個適當的平底鍋（讓沙丁魚一條條排入鍋裡，互不重疊）。鍋裡放入A和作法1的薑皮，再整齊排入作法2。以烘焙紙或鋁箔紙做落蓋，以中火加熱。
4. 滾開後撈除浮沫，以落蓋能一直覆蓋到煮汁的火候煮10～15分鐘。煮到自己偏愛的鹹度即可離火，靜置放涼。
5. 沙丁魚盛盤，淋上煮汁，最後點綴上瀝乾水分的作法1的薑絲即完成。

薑＋肉類

薑含有蛋白質分解酵素，能夠軟化肉質。
薑汁燒肉軟嫩的肉質與清爽的口感，
就是經典的例子。
醬汁也用薑來調配，增添清爽的香氣，
讓整體吃起來風味更融洽。

薑汁燒肉

材料（2人份）

薑【切絲】 … **1塊**（約10g）
豬里肌肉片（薑汁燒肉用）… 200g
A　**薑【磨成泥】** … **1塊**（約10g）
　　米酒 … 1大匙
B　醬油 … 2大匙
　　米酒 … 1大匙
　　味醂 … 2大匙
　　砂糖 … 1小匙
洋蔥 … 1/2顆
植物油 … 4小匙
低筋麵粉 … 適量
高麗菜（切絲）… 適量

1 用菜刀的尖端或廚房剪刀去除豬肉片的脂肪和筋。

2 將A的薑泥擠出汁液，汁液與米酒拌勻（薑泥備用），淋在作法1上搓揉入味，醃漬10分鐘。

3 將作法2擠乾的薑泥和B混拌均勻，再加入薑絲。

4 洋蔥順著纖維切成5mm寬的細絲，平底鍋中倒入2小匙植物油熱鍋，放入洋蔥絲以中火拌炒，顏色轉透明後即可起鍋。

5 將作法2用來醃肉的汁液倒入作法3（醬汁）拌勻，肉則用廚房紙巾擦乾水分。

6 在作法4的平底鍋裡加入剩下的植物油，以中大火加熱，將肉攤開下鍋，一片片整齊排入。用茶篩薄薄地在肉片上撒一層低筋麵粉。煎完一面後翻面，約煎半分鐘，將作法4的洋蔥放回鍋裡，繞圈淋上作法5的醬汁。適時翻動肉片，使其均勻沾附醬汁，待醬汁收乾至恰到好處且飄出醬油香氣，即可起鍋盛盤，旁邊擺上高麗菜絲一起享用。

薑＋乳製品

乳製品加上風味鮮明的食材，
能讓其濃醇溫和的滋味更加豐厚。
搭配辛辣感與清爽香氣兼備的薑特別對味。
同樣滋味溫和的酪梨也很適合搭配薑一起料理。
也可以和牛奶醬一起做成奶昔。

薑汁牛奶醬

材料（容易製作的分量）

薑【磨成泥】… 50g
牛乳 … 500mℓ
細砂糖 … 250g

1 取一只厚實的鍋子，放入薑泥、牛奶、細砂糖，以中火加熱。

2 滾沸後控制火候，讓鍋中的醬汁維持在滾沸冒泡的狀態，但避免讓其溢出鍋外，同時一邊用刮刀沿著鍋子內壁攪拌，煮成濃稠的醬汁。

3 當醬汁煮到變稠且表面出現細微的泡沫時，滴幾滴在乾淨的湯匙上，用手指劃過，若痕跡沒有馬上消失，就代表完成了。

4 趁熱裝入煮沸消毒過的玻璃瓶中，放涼後放冰箱冷藏保存。

◎ 保存期限約 2 個月

使用「薑汁牛奶醬」

酪梨薑汁牛奶醬

材料（2 人份）

薑汁牛奶醬（參照上方作法）
… 適量
酪梨 … 1個
檸檬（切扇形）… 2片

1 酪梨縱切成一半，把籽取出，放進盤中，在挖出籽的洞裡填入牛奶醬。

2 擠上檸檬汁享用。

薑＋柑橘

柑橘類和薑同樣具有清爽的香氣，因此是十分相搭的組合。
這道食譜是在義大利當地料理「檸檬奶油義大利麵」裡加入薑，當作提味食材。
咬起來脆脆的薑絲，辛香的風味讓整盤麵吃完一點也不膩。

檸檬奶油義大利麵

材料（2人份）

薑【切絲】… 15g
義大利麵 … 160g
奶油 … 20g
鼠尾草（非必要）… 2片
液態鮮奶油（乳脂肪含量35%）… 120㎖
檸檬汁 … 2小匙
檸檬皮（磨成屑）… 少許
帕瑪森起司 … 4大匙
粗磨黑胡椒 … 少許
頂級冷壓初榨橄欖油 … 少許
鹽 … 適量

1 鍋裡加入3L的水和2大匙鹽煮沸，將義大利麵放進鍋裡，煮的時間依照包裝袋說明的時間再縮減1分鐘。

2 將奶油和鼠尾草放入平底鍋，開小火加熱，待飄散出鼠尾草香氣即加入鮮奶油，將火稍微轉大，滾開後放入薑絲。

3 薑絲稍微燙過且鮮奶油開始呈濃稠狀後，加入檸檬汁和½杯作法1的煮麵水混合均勻。

4 將煮好的義大利麵和2大匙的帕瑪森起司加入作法3，以鹽調味。轉小火快速將義大利麵和醬汁拌勻。

5 盛盤後撒上檸檬皮屑及剩下的帕瑪森起司、黑胡椒，繞圈淋上橄欖油即可享用。

薑 ＋ 堅果

堅果含有豐富的油脂，風味溫醇，配上辛辣的薑，
兩者能恰到好處地抑制彼此特殊的強烈風味，搭起來別有一番美味。
加上甜味之後適合做成點心享用，
試試這道吃起來令人心情愉快、口感酥鬆的花林糖吧。

薑汁吐司花林糖

材料（2人份）

薑【磨成泥】 … 30g
吐司（1.5cm厚）… 3片
植物油 … 2大匙
水 … 1/4杯
砂糖 … 150g
花生（切碎）… 30g
白芝麻 … 1大匙

1 吐司縱切一半，再切成1cm寬的條狀，放入鋪了烘焙紙的烤盤裡。

2 吐司淋上植物油，用手抓一抓，讓其均勻吸附油脂，再將之一片片保留間隔排開。

3 放入預熱至160℃的烤箱，烤至表面呈金黃色（中途翻面一次，合計約烤15～25分鐘左右）。取出後在網架上放涼。

4 平底鍋裡放入水和砂糖，混合均勻後以中火加熱，煮到變成濃稠的糖漿狀，表面先出現細緻泡沫，再變成具有黏性的大泡泡之後，加入薑泥、花生、白芝麻及作法3，快速翻拌，讓吐司均勻裹上糖漿及配料。

5 待糖漿開始結晶變白後，取出吐司一片片在烘焙紙上排開，互不重疊，靜置冷卻。完全冷卻後即可裝入密封容器保存。

和洋中＋南洋口味的料理與主食

薑是適合做成各種類型料理的萬能食材。在拿手的家常菜裡盡情的用薑入菜，美味之餘還能讓身體暖呼呼。

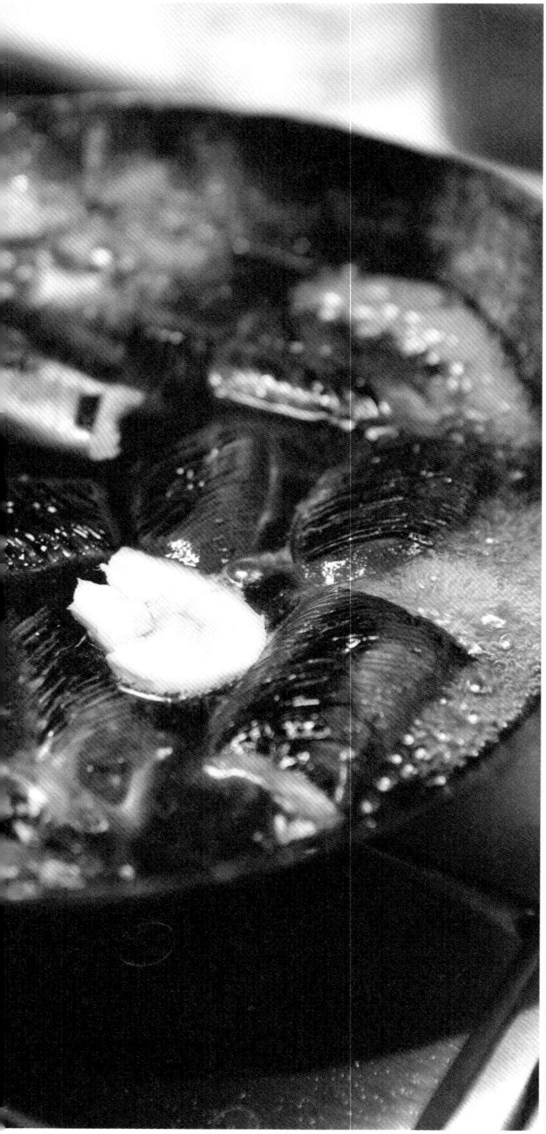

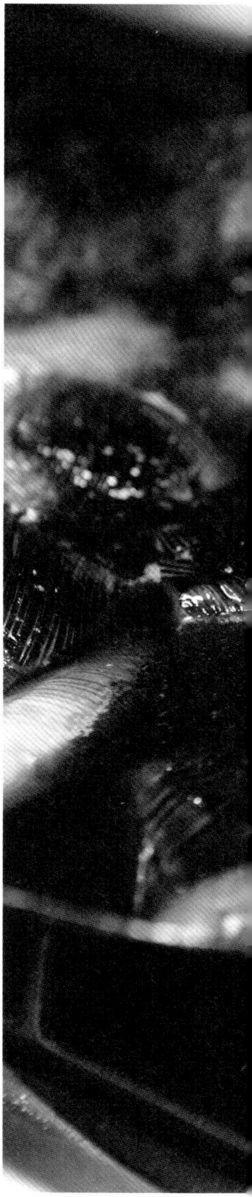

和的料理與主食

濃郁薑汁龍田炸雞

雞肉抹上薑泥醃漬入味，
炸好後配上薑汁蘿蔔泥滿足又清爽。

材料（2人份）

雞腿肉 … 1片（300g）

A **薑【磨成泥】** … **1塊**（約10g）
鹽 … 1/4小匙
砂糖 … 1/2小匙
米酒 … 2小匙
醬油 … 1大匙

糯米椒 … 適量
片栗粉 … 適量
炸油 … 適量
白蘿蔔泥 … 1杯
薑【磨成泥】 … **1塊**（約10g）
醬油 … 依喜好添加少許

1 清除雞肉上多餘的油脂，切成方便食用大小。

2 夾鏈袋中放入 A 和作法 1 搓揉入味，放入冰箱冷藏 30 分鐘。取出後若雞肉出水過多，可用濾網將水分瀝乾。

3 換一個乾淨的夾鏈袋，裝入 ½ 杯片栗粉和作法 2 的雞肉，讓肉均勻裹上粉。粉在吸附雞肉上的水氣後會變得潮濕，此時再加入適量的片栗粉。

4 拍掉雞肉上多餘的粉，放入預熱至 180℃的油鍋裡炸至酥脆。

5 在糯米椒上劃幾道刀痕，避免下鍋後噴油，放入預熱至 170℃的油鍋裡炸，起鍋後撒少許鹽（分量外）調味。

6 將作法 4 和 5 盛入盤中，配上白蘿蔔泥及薑泥，再依個人喜好淋些許醬油享用。

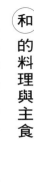

和

茄子燉鮪魚

在吸飽鮪魚的鮮味、燉到稠滑的茄子旁，擺上大量薑絲佐配。

材料（2人份）

薑 … 20 g
長茄 … 2根（300 g）
水煮鮪魚罐頭（塊肉類型）… 1罐（90g：固形量70g）
茗荷 … 1個
植物油 … 1大匙
麻油 … 1/2大匙
A 米酒 … 1大匙
水 … 1杯
砂糖 … 1大匙
醬油 … 2大匙※

※依茄子的含水量及個人口味適度調整分量。

1 厚厚地削下薑的薑皮，把薑切成極細的細絲，用冷水浸泡。薑皮則留著備用。茗荷切成細絲，用冷水浸泡後瀝乾水分。鮪魚撥散成小塊。

2 茄子縱切成一半，用刀在表皮密密地劃上淺淺的切痕，切成方便食用的長度。

3 平底鍋中倒入植物油和麻油，以中火熱鍋，將作法2表皮朝下排入鍋內。表皮上色後翻面，讓切口也煎上色。

4 將A、薑皮及含汁液的整罐鮪魚罐頭加進作法3裡，滾沸後蓋上落蓋，以小火煮約5分鐘。

5 稍微放涼後盛入盤裡，一旁擺上瀝乾水分的薑絲及茗荷即完成。

和

薑汁酒粕湯

滋味溫和的酒粕湯，加上薑的辛辣口感，嘗起來更加豐厚濃郁。身體也跟著暖了起來。

材料（2人份）

薑【磨成泥】… 1塊（約10g）

白蘿蔔 … 50g

胡蘿蔔 … 40g

竹輪 … 1根（35g）

酒粕（片狀）… 60g

炸豆皮（切小片）… 1/2片

蔥（薄薄地斜切）… 適量

日式高湯 … 500mℓ

薄鹽醬油 … 1/2小匙

鹽 … 適量

七味辣椒粉 … 依喜好添加少許

1 白蘿蔔及胡蘿蔔切成細條狀，竹輪切成5mm厚的薄片。

2 鍋中放入高湯、白蘿蔔、胡蘿蔔、竹輪，以中火加熱。滾沸後煮3分鐘關火。

3 用湯勺舀2匙作法2的煮汁，裝進研磨碗，再加入剝成小塊的酒粕片，研磨至滑順狀（也可使用手持電動攪拌機）。

4 將豆皮和作法3加進作法2裡，滾沸後加入薄鹽醬油和少許鹽調味。盛入碗裡，擺上蔥及薑泥，依喜好撒些七味辣椒粉即可享用。

和

薑泥芡汁茶碗蒸

在味道溫和、口感軟嫩的茶碗蒸裡，加入薑泥芡汁，吃起來更有層次。

材料（2人份）

薑【磨成泥】… ½塊（約5g）

雞蛋 … 1顆（50g）

A 日式高湯 … 130㎖

鹽 … $^1/_5$小匙

米酒 … 1小匙

金針菇 … 20g

山芹菜（切成2～3cm長）… 10g

B 日式高湯…100㎖

味醂…1小匙

薄鹽醬油 … $^1/_2$小匙

鹽…2搓

片栗粉水（1小匙片栗粉加入2小匙水溶解）

1 調理盆中打入雞蛋，用筷子以切的方式打散，避免起泡。加入A攪拌，以細網的網篩過濾，分裝至耐熱小碗中。

2 將作法1放入熱氣騰騰的蒸籠或蒸鍋，一開始先用大火蒸2～3分鐘，當表面開始凝固後轉小火，在鍋蓋和鍋子間夾一根筷子排散熱氣，繼續蒸10分鐘左右。

3 金針菇切成2cm長，放入單柄鍋，加入B，開中火加熱。開始滾沸後轉小火煮1～2分鐘，繞圈倒入片栗粉水勾芡。

4 用竹籤刺入作法2，若從洞裡溢出澄清的高湯即可取出。

5 在作法3裡加入薑泥和山芹菜溫熱一下，淋在作法4上即完成。

和

蛋花烏龍麵

在熱熱的芡汁烏龍麵裡加入大量的薑泥。
最適合寒冷的冬季或身體虛弱時來一碗。

材料（2人份）

薑【磨成泥】… 1大匙

雞蛋 … 3顆

烏龍麵 … 2球

A 日式高湯 … 700㎖

味醂 … 3大匙

薄鹽醬油 … 2大匙

鹽 … 1/2小匙

片栗粉水（2又½大匙的片栗粉加入等量的水溶解）

1 將蛋打散。準備一鍋水，滾沸備用。

2 將A放入另一個鍋中，以中火煮沸，用筷子攪拌，同時一點點慢慢繞圈倒入片栗粉水勾芡，暫時將鍋子離火。

3 烏龍麵放入作法1的滾水中，再次沸騰後撈起，用濾網瀝乾，盛入大碗中。

4 將作法2重新放回爐子上，以中火加熱，開始滾沸後將蛋液沿著鍋緣慢慢繞圈倒入鍋裡。等到蛋液變成蛋花浮到水面上後再快速攪拌一下，淋到作法3的烏龍麵上。最後再放上一小坨薑泥即完成。

(和)

薑絲豆皮咖哩丼

日本蕎麥麵店特有的高湯風味咖哩。
薑讓原本清爽的味道變得更有層次。

材料（2人份）

薑【切絲】… 2塊（約20g）
炸豆皮 … 1片
蔥 … 1根
A 日式高湯 … 2杯
咖哩粉 … 2小匙
醬油 … 2大匙
味醂 … 1大匙
鹽 … ¼小匙
砂糖 … 2小匙
片栗粉水（2大匙的片栗粉加入等量的水溶解）
溫熱的白飯 … 2碗

1 炸豆皮用廚房紙巾輕輕吸附多餘油脂，切成1cm寬的短條狀，蔥斜切成5mm寬。

2 鍋裡放入A，以中火加熱。滾沸後加入薑絲和豆皮，豆皮吸附湯汁變軟後，將蔥的蔥白部分下鍋。

3 繞圈倒入片栗粉水勾芡，轉小火繼續煮30秒左右，加入蔥的蔥綠部分燙一下即可關火。

4 在大碗中盛入白飯，淋上作法3即可享用。

洋的料理與主食

炒咖哩

先用碎薑爆香、再加入薑絲當配料，一道菜用了兩次薑。

材料（2人份）

- 薑【切碎】… 20g
- 薑【切絲】… 10g
- 牛肉片 … 100g
- 洋蔥 … $^{1}/_{2}$個
- 茄子 … 2根
- 番茄 … 2個（280g）
- 咖哩粉 … 2小匙
- 鹽 … 少許
- 植物油 … 3大匙
- A 米酒 … 3大匙
  - 伍斯特醬 … 2小匙
  - 番茄醬 … 1大匙
  - 醬油 … 1又$^{1}/_{2}$大匙
- 溫熱的白飯 … 2碗

1 牛肉片切成方便食用的大小。

2 洋蔥切小片，茄子切成1.5cm厚的圓片，番茄切成略大的一口大小。茄子兩邊的切面撒上少許鹽，將水分擦乾。

3 平底鍋中加入2大匙的植物油以中火加熱，茄子排入鍋中，將兩面煎至上色。茄子變軟後即可取出。

4 在作法3的平底鍋中倒入剩下的植物油，放入切碎的薑以小火爆香，接著轉成中大火，依序放入洋蔥、牛肉拌炒。

5 牛肉炒熟後撒上咖哩粉拌炒均勻，以繞圈方式淋上A。煮到湯汁變稠並帶光澤後，加入番茄、作法3的茄子、薑絲，以大火翻炒。

6 將番茄炒到五分軟爛後即可起鍋，連同白飯盛入盤裡享用。

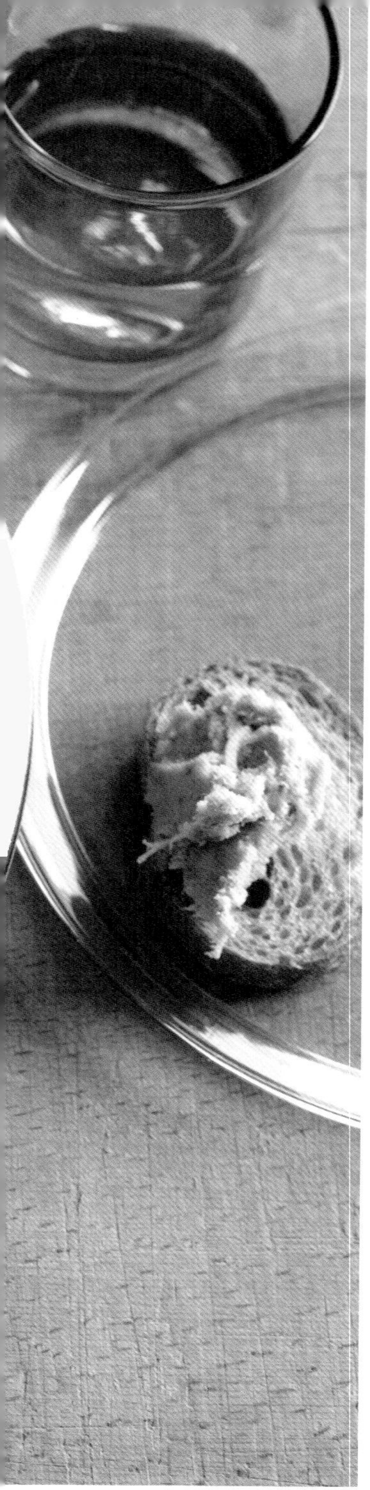

洋

薑汁風味法式肉醬

風味醇郁的法式肉醬，加入薑的辣味和香氣，吃起來更清爽好入口。

材料（容易製作的分量）

薑【切絲】 … 40g
豬五花肉(塊) … 500g
鹽 … $1/2$小匙
洋蔥 … $1/4$個
橄欖油 … 2大匙
粗磨黑胡椒 … 少許
A 白葡萄酒 … 100㎖
水 … 200㎖
月桂葉 … 1片
薑(切薄片裝飾用) … 適量
長棍麵包(切片) … 適量

1 豬肉切成 2cm 方塊狀，撒上鹽搓揉入味。洋蔥逆著纖維切薄片。

2 取一只鍋壁較厚的鍋子，加入橄欖油和薑絲，蓋上鍋蓋以小火加熱 5 分鐘，開蓋攪拌一下，再蓋回鍋蓋繼續加熱 5 分鐘，把薑從鍋子裡取出備用。

3 在作法 2 的鍋子裡用剩下的橄欖油以中火炒洋蔥，炒軟後加入豬肉炒至上色。

4 在作法 3 裡加入 A，滾沸後撈除浮沫，蓋上鍋蓋以極弱的小火煮約 1.5 小時，將豬肉煮軟。煮的過程中若水分快收乾，可補加適量的水（分量外）。

5 豬肉煮軟後取下鍋蓋，將火轉大，讓湯汁收乾，把肥肉煮到透明。

6 取出月桂葉，豬肉起鍋後瀝乾水分，將瘦肉及肥肉切分開來後放涼。

7 用食物調理機將瘦肉和洋蔥打碎，依喜好少量分次放入肥肉打至滑順狀，放入作法 2 備用的薑打勻。以鹽（分量外）和黑胡椒調味。

8 裝入乾淨的小陶碗等容器，密實的填入肉醬，擠出空氣。切薄片的薑塗上肥肉的油脂，貼在肉醬表面。搭配烤過的長棍麵包一起享用。

※ 想提高保存性的話，可以將作法 6 分切出來的肥肉溶化後淋在肉醬表面使其凝固。

洋

薑絲馬鈴薯薄餅

用少少的材料就能做出西式薄餅。
爽口的滋味讓人一次可以吃好幾片。

材料（一片直徑 20cm 的薄餅）

薑【切成較粗的絲】 … 15 g
馬鈴薯 … 300 g
鹽 … 1/4 小匙
帕瑪森起司或起司粉 … 2大匙
巴西里（切碎）… 1大匙
橄欖油 … 1大匙
嫩葉生菜 … 適量

1 馬鈴薯切成 2 ～ 3mm 寬的細絲。撒上鹽靜置 10 分鐘，用廚房紙巾吸乾水分。

2 調理盆中放入作法 1、薑絲、起司、巴西里及一搓鹽（分量外）混拌均勻。

3 取一只較厚的平底鍋，倒入橄欖油以中火熱鍋，放入作法 2，塑整成直徑 20cm 左右的圓形。煎的同時一邊以鍋鏟輕壓，用中小火煎烤 10 分鐘左右，並留意不要燒焦。

4 將一面煎出烤色後翻面，同作法 3 的方式煎烤。

5 把兩面都烤得香脆後，切開盛盤，一旁附上嫩葉生菜即完成。

洋

薑絲炊飯

帶有橄欖和火腿醇郁滋味的炒飯，
加上薑絲吃起來多了一分清爽。

材料（容易製作的分量）

薑【切絲】… 2塊（約20g）
米 … 2杯
胡蘿蔔 … 150g
黑橄欖 … 12個（25g）
火腿 … 6片（70g）
巴西里（切碎）… 適量
A　水…360mℓ
　　鹽…1小匙
　　橄欖油…2小匙
粗磨黑胡椒…少許

1 米淘洗乾淨，用濾網瀝乾水分，靜置30分鐘。

2 胡蘿蔔切成方便實用的長度，再切成絲，橄欖切丁，火腿切成5mm的丁狀。

3 在電子鍋的內鍋裡放入作法1、A、薑絲、胡蘿蔔、橄欖及一半的火腿，攪拌一下即可按下炊煮鍵。

4 煮好後加入剩下的火腿，快速拌一下即可盛入碗裡，撒上巴西里及黑胡椒享用。

中＋南洋的料理與主食

中式風味蒸魚

「滋」地淋上熱熱的油，逼出魚的鮮香。做成丼飯也十分美味。

材料（2人份）

薑 … 10g
鯛魚或其他白肉魚（魚塊）… 2塊
A 鹽 … 2撮
　紹興酒 … 1小匙
蔥的蔥白部分 … 10cm
蔥的蔥綠部分 … 適量
B 醬油 … 1大匙
　砂糖 … 1小匙
　紹興酒 … 1大匙
C 植物油 … 1大匙
　麻油 … 1小匙

1 白肉魚塊裹上A，靜置10分鐘入味，接著用廚房紙巾吸乾釋出的水分。

2 厚厚地削下薑的薑皮，把薑切成極細的細絲，用水浸泡。薑皮留著備用。

3 蔥白部分切成極細的細絲，泡水後用廚房紙巾吸乾水分。

4 將B混合在一起，倒入鍋裡滾沸後關火。

5 在耐熱容器中鋪上蔥的蔥綠部分，上面排入作法1，擺上薑皮。放入熱氣騰騰的蒸籠或蒸鍋裡，蓋上鍋蓋用大火蒸5分鐘左右。蒸好後取出薑皮，擺上作法3和瀝乾水分的薑絲。

6 將C的油倒入小鍋裡加熱，冒煙時均勻淋至作法5的薑絲和蔥白絲上，最後再將作法4均勻淋上去即可享用。

※在作法4時請注意火不要接觸到小鍋中的油。

中＋南洋

芹菜拌魷魚

用甜醋和滿滿的薑泥調味的涼拌菜，是一道很適合當下酒菜的中式菜色。

材料（4人份）

薑【磨成泥】… 1塊（10g）

北魷 … 1條

西洋芹（斜切成薄片）… 1根

蔥（切碎）… 5cm

紅辣椒（去籽後切丁）… $^1/_2$根

香菜（切成2～3cm長）… 1株

A　植物油…1大匙

　　麻油…1小匙

B　鹽…$^1/_4$小匙

　　砂糖…1小匙

　　醋…2小匙

※ 在作法 4 時請注意火不要接觸到小鍋中的油。

1 魷魚切下腳、去除內臟後清洗乾淨，擦乾水分後撕除外皮，剪開成一片。表面用刀斜向密密地劃上刀痕，切成1cm寬。魷魚腳用刀將吸盤刮除，2～3根切分成一份。

2 燒一大鍋熱水，加一些鹽（分量外），將西洋芹下鍋燙一下後拭乾。將鍋裡的水重新加熱滾沸，放入作法 1 燙一下，用濾網瀝乾後放涼。

3 取一個大的耐熱調理盆，放入薑、蔥、紅辣椒。

4 小鍋放入 A 的油加熱，冒煙時倒進作法 3 裡，趁著香氣四溢時加入 B 混合拌勻。

5 在作法 4 裡加入作法 2，放入香菜拌勻即可享用。

中＋南洋

皮蛋豆腐

滑嫩順口的皮蛋豆腐。
薑的香味緩和了皮蛋的強烈氣味。

材料（2～3人份）

嫩豆腐 … 1塊
皮蛋 … 1個
香菜 … 1～2株

A **薑【切碎】… 1大匙**
大蔥（切碎）… 1大匙
茗荷（切圓片）… 1個
醬油 … 1小匙

B 鹽…$^1/_2$小匙
麻油…1大匙
砂糖…$^1/_4$小匙

1 豆腐用廚房紙巾包起，輕壓上重物，靜置30分鐘，去除水分。

2 皮蛋去殼，將蛋白切成小塊。

3 摘下香菜的葉片，將莖切碎。

4 將作法1的豆腐壓碎後放入調理盆，加入B拌勻。

5 在另一個乾淨的調理盆裡放入作法2、作法3的莖和A，再將皮蛋的蛋黃壓碎後全部拌在一起。

6 將作法4和5拌一下後即可盛盤，撒上作法3的香菜葉享用。

中＋南洋

海南雞飯

加了薑皮一起炊煮的白飯香氣逼人。
最後再淋上用大量新鮮生薑做的美味醬汁。

材料（2人份）

薑 … 2塊（約20g）
米 … 1杯
水 … 180ml
雞腿肉…1片（250g）
A 鹽 … 2/3小匙
　砂糖 … 1/2小匙
　酒 … 1小匙
小黃瓜 … 1/2根
西洋芹 … 1/2根
香菜 … 2株
B 醬油 … 3大匙
　味噌 … 2/3小匙
　醋 … 1又1/2大匙
　砂糖 … 2小匙
　紅辣椒（去籽後切丁）… 1根

1 米洗淨後瀝乾水分，靜置30分鐘。

2 雞肉搓抹上A，醃漬30分鐘。

3 薑削下薑皮，薑切碎，薑皮留著備用。小黃瓜和西洋芹縱切對半，再斜切成薄片。香菜切除根部後切成2～3cm長，並將切下來的根留著備用。

4 調理盆中放入B和切碎的薑混拌均勻。

5 在電子鍋的內鍋裡放入作法1和水，放上擦乾水分的作法2，再加入薑皮和香菜根一起炊煮。

6 煮好後將雞肉取出，再拿掉薑皮和香菜根。稍微拌一下飯，雞肉斜切成1cm寬的薄片。

7 盤裡盛入白飯及雞肉，再擺上小黃瓜、西洋芹、香菜，雞肉淋上適量的作法4即可享用。

中＋南洋

薑絲韭菜拌麵

把淋上熱油後香氣奔騰的薑和韭菜，迅速地拌進麵裡享用。

材料（2人份）

薑【切成極細的細絲】
… 2塊（約20g）

韭菜 … 約100g

細麵 … 160g

A 醬油 … 2大匙
醋 … 2小匙
砂糖 … 1小匙
花椒粉 … 依喜好添加少許

B 植物油 … 1又 $^1/_2$ 大匙
麻油 … $^1/_2$ 大匙

花椒粉 … 依喜好添加少許

1 韭菜切成1～2mm的碎丁。

2 燒一鍋熱水將細麵煮熟。

3 將A混拌均勻。

4 煮好的細麵大致瀝乾水分，裝入碗裡，均勻淋上作法3，再擺上作法1和薑絲。

5 小鍋裡放入B加熱，冒煙時均勻淋在作法4的薑絲和韭菜上。依喜好撒上少許花椒粉，拌勻後即可享用。

※ 在作法5時請注意火不要接觸到小鍋中的油。

中＋南洋

薑絲馬鈴薯煎餅

用香脆的豬五花肉、切絲的薑和馬鈴薯做成的鬆軟餅皮，形成三種食材互相抗衡的美味。

材料（4 片直徑約 8cm 的煎餅）

薑【切絲】 … 10 g
馬鈴薯 … 2個（300 g）
蔥（切蔥花）… 1根
豬五花肉片 … 60 g
鹽 … 2搓
麻油 … 2小匙
醋、醬油 … 各1小匙
辣椒粉 … 依喜好添加少許

1 馬鈴薯去皮後磨成泥，放在濾網上，並在下方墊一個調理盆，輕壓馬鈴薯泥，瀝出水分。將瀝至調理盆中的汁液靜置 5 分鐘，讓澱粉沉澱。

2 豬肉片切成 6 ～ 7cm 長。

3 倒除作法 1 的調理盆中上層的澄清汁液，將馬鈴薯泥、薑絲、蔥花、鹽倒入，與盆底的白色澱粉一起拌勻。

4 平底鍋以中火熱鍋，倒入麻油後均勻塗開，將作法 3 的麵糊分成 4 等分放進鍋裡、鋪成圓形，分別擺上等量的作法 2，底部煎上色後翻面把豬肉煎至酥脆，一邊用廚房紙巾吸乾多餘油脂。盛盤，附上醋醬油，依喜好撒些辣椒粉享用。

用薑做點心和甜食

薑汁胡蘿蔔蛋糕

這是一款展現胡蘿蔔自然甜味的蛋糕。隱約嘗到的薑味讓整塊蛋糕吃起來清爽不膩口。

材料（240x200x 高 35mm 的烤盤一個）

薑 … 20 g
胡蘿蔔 … 150 g
焙炒核桃 … 60 g
植物油 … 60 g
砂糖 … 80 g
雞蛋 … 2顆
A　低筋麵粉 … 130 g
　　鹽 … 1～2撮
　　泡打粉 … 1小匙
　　肉桂粉 … 1/2小匙
原味優格（無糖）… 400 g
砂糖 … 1大匙

準備

- 烤盤鋪上烘焙紙。
- 烤箱預熱至 180℃。（將麵糊放進烤箱時會降溫，因此預熱溫度設定得較高）

1 濾網鋪上廚房紙巾，倒入優格，用紙巾將優格包覆起來，上面用盤子當作重石壓著。下方接一個調理盆，放冰箱讓優格脫水至剩下一半時，取出加入 1 大匙砂糖拌勻。

2 薑和胡蘿蔔分別切下 1/3 磨成泥，剩下的切成絲拌在一起。核桃大致切碎。

3 調理盆中打入雞蛋，加入砂糖，用手持電動攪拌器打至蓬鬆且顏色變白。

4 將植物油倒進作法 3，攪拌至稀稀的美乃滋狀。

5 混合 A，過篩後倒入作法 4 裡，用刮刀以切拌的方式攪拌，在盆裡的粉狀物還剩一半沒有拌勻時，將作法 2 加進去繼續以切拌的方式將全體攪拌均勻。

6 將作法 5 倒入準備好的烤盤裡，整平表面後將烤箱溫度設定至 170℃，烤 25 ～ 30 分鐘。烤好後從烤盤取出，放在網架上冷卻。

7 放回烤盤裡，在表面塗上作法 1，用 170℃回烤 10 分鐘即完成。

用薑做點心和甜食

米布丁

薑讓白米和牛奶的甜味更加輕盈柔和。做好後溫熱的狀態別有一番美味。

材料（容易製作的分量）

白飯 … 150g

A **薑【磨成泥】** … 20g
牛奶 … 1又 $^{1}/_{2}$ 杯
砂糖 … 4大匙
鹽 … 1小搓

杏仁（切碎）… 2小匙

肉豆蔻粉 … 少許

※若沒有肉豆蔻粉，可使用肉桂粉或綠豆蔻粉等喜歡的香料代替。

1 鍋裡放入白飯和A，用中火加熱。開始煮滾後將火轉小一點，讓材料不會溢出鍋外，燉煮至濃稠。稍微冷卻後，放冰箱充分冰鎮。

2 漂亮地盛入器皿裡，撒上杏仁和肉豆蔻粉享用。

薑泥蜜漬果乾

果乾吸收了薑汁，
形成濃郁香甜與清爽兼具的風味。

材料（容易製作的分量）

薑【磨成泥】… **100 g**
自己喜歡的果乾※…200 g
蜂蜜…250 g

※這道食譜使用的是綜合果乾。
※除了可以直接食用，搭配優格一起吃也很不錯。

1 將較大塊的果乾切成方便食用的大小。

2 依序將作法 1、薑泥、蜂蜜交互裝入煮沸消毒過的瓶子裡。

3 在瓶口打開的狀態下隔水加熱 30 分鐘左右，靜置放涼。蓋上蓋子常溫或冷藏保存。一星期後便是最佳享用時機。

◎ **保存期限常溫約 1 個月、冷藏約 3 個月（開瓶後盡早食用完畢為佳）**

柳橙薑汁麵包

彈潤可口又香氣逼人的長棍麵包，
淋上薑汁風味的酸甜醬汁，搭起來風味絕配。

材料（2人份）

長棍麵包 … 15～20㎝

A **薑【磨成泥】… 10g**
- 全蛋 … 1顆
- 蛋黃 … 1顆
- 細砂糖 … 2大匙

牛奶 … 1杯

奶油 … 10g

細砂糖 … 1又1/2大匙

肉桂粉 … 依喜好添加少許

薑汁柳橙醬

- **薑【切絲】… 10g**
- 柳橙 … 1個
- 奶油 … 10g
- 細砂糖 … 1大匙
- 蘭姆酒 … 2小匙

1. 將製作薑汁柳橙醬的柳橙果肉切下來，再擠出果皮殘留的果汁。
2. 長棍麵包切成稍大的一口大小。
3. 調理盆中放入A，用打蛋器充分拌勻。
4. 將牛奶加入作法3混合，連同作法2一起裝入夾鏈袋裡，放入冰箱冷藏1～2小時醃漬（放一晚也可以），讓麵包吸飽醃漬液。
5. 平底鍋中放入奶油，以中火加熱，放入作法4煎烤。一邊翻面一邊將每塊麵包均勻煎出漂亮烤色，撒上細砂糖拌一下，融化成焦糖狀後讓麵包均勻沾裹，即可起鍋盛入盤裡。
6. 製作薑汁柳橙醬：平底鍋中放入奶油，以中火融化，放入薑絲和作法1的果肉煎烤。加入細砂糖、蘭姆酒、作法1的果汁，拌一下讓酒精揮發。
7. 將作法6淋在作法5上，依喜好撒些肉桂粉享用。

想更貼近地認識薑，就開始在陽台栽種吧

陽台也能種薑！在自家陽台栽種薑

薑在家裡的院子或陽台也能輕鬆栽種。收成時從土裡拔出來的瞬間，飄散的香氣令人難以忘懷。自己栽種的薑香氣逼人，請一定要嘗試。

薑的播種季節為春天。在日本可以參考居住地櫻花盛開的時期為基準。

準備好塊莖 芽眼朝上埋進土裡

所謂「塊莖」其實跟平時吃的薑沒兩樣。不過，栽種時建議還是選購種植專用的塊莖。由於塊莖通常很大，要先用手掰開成60～150g。白色尖尖的部分為薑的芽，栽種時芽眼朝上，

種植

塊莖分成60～150g，芽眼朝上埋入土裡。不用刀切，用手掰開是種植成功的關鍵。

發芽

一開始會從土裡冒出細小的芽。種植後會經過好一段時間才發芽，就耐心守護吧。

埋進10～15cm深的土壤裡。

薑在生長時會往兩邊擴展，如果直接種在田裡，塊莖之間要間隔30cm左右。以盆栽種植時，則使用種菜用土（一個塊莖使用20～30L的土），且一個栽種盆只埋一個塊莖。

看著越長越茂密的莖 帶著期待的心情等待收成

最適合薑生長的環境為「半日照、半陰涼」，因此一天當中有半天照不到太陽的地方便是最佳位置。栽種期間不要過度澆水，每天給予適度的水分即可。大約在播種後50天左右會發芽，最初冒出的第一根莖為「初生生長莖」，其兩側會慢慢再生長出茂密的莖。一旦薑開始生長出地表，就不能過度曝曬，應用土覆蓋在其上。

收成的時間大約在11月，在霜降前從土裡挖出，即「嫩薑」。若無法吃完，可以用甜醋或其他喜歡的調味料醃漬，做成能夠保存的醃漬品。

陸續長出其他的莖

在初生生長莖的兩側，還會長出次生生長莖及三次生長莖。甚至還會多達六次生長莖以上。

收成

11月左右霜降前夕即是收成的時期。一開始種植用的塊莖部分也可以食用（稱作「薑母」）。

※有關薑的栽種方法，可以參考GINGER FACTORY（http://ginger-factory.net/）官方網站的詳細介紹。
※塊莖可在有販售園藝用品的賣場、或線上購買。

五味坊 126

這樣吃，薑薑好

最完整的生薑百科，從種類、選購、保存到功效，獨家收錄 80 道薑製漬物、甜點、常備菜、家常菜全料理

原 書 名 —— 生姜屋さんとつくった まいにち生姜レシピ
食　　譜 —— 小寺宮
監　　修 —— GINGER FACTORY
譯　　者 —— 張成慧
總 編 輯 —— 王秀婷
主　　編 —— 洪淑暖
版　　權 —— 徐昉驊
行銷業務 —— 黃明雪
發 行 人 —— 涂玉雲
出　　版 —— 積木文化
104 台北市民生東路二段 141 號 5 樓
電話：(02)2500-7696　傳真：(02)2500-1953
官方部落格：http://cubepress.com.tw
讀者服務信箱：service_cube@hmg.com.tw
發　　行 —— 英屬蓋曼群島商家庭傳媒股份有限公司城邦分公司
台北市民生東路二段 141 號 2 樓
讀者服務專線：(02)25007718-9
24 小時傳真專線：(02)25001990-1
服務時間：週一至週五 09:30-12:00、13:30-17:00
郵撥：19863813　戶名：書虫股份有限公司
網站　城邦讀書花園｜網址：www.cite.com.tw
香港發行所 —— 城邦（香港）出版集團有限公司
香港灣仔駱克道 193 號東超商業中心 1 樓
電話：+852-25086231　傳真：+852-25789337
電子信箱：hkcite@biznetvigator.com
新馬發行所 —— 城邦（馬新）出版集團 Cite (M) Sdn Bhd
41, Jalan Radin Anum, Bandar Baru Sri Petaling, 57000 Kuala Lumpur, Malaysia.
電話：(603) 90563833　傳真：(603) 90576622
電子信箱：services@cite.my
封面設計 —— 郭忠恕
製版印刷 —— 上晴彩色印刷製版有限公司

攝　　影　公文美和、古谷公史郎（p.80~82）
造　　型　駒井京子
插　　畫　花松あゆみ
設　　計　芝 晶子 + 廣田 萌（文京圖案室）
校　　對　株式會社 Press
撰文協助　深谷惠美、美濃越かおる
編輯協助　松本郁子
審訂協助　石原新菜（Ishihara Clinic 副院長）
料理助手　鈴木祥子
生薑提供　GINGER FACTORY
埼玉縣川口市芝富士 1-26-9-1F
Tel: 048-483-4146

【印刷版】
2022 年 10 月 13 日　初版一刷
售　價／ NT$ 380
ISBN　978-986-459-447-4
Printed in Taiwan.

【電子版】
2022 年 10 月
ISBN　978-986-459-446-7（EPUB）

國家圖書館出版品預行編目 (CIP) 資料

這樣吃，薑薑好：最完整的生薑百科，從種類、選購、保存到功效，獨家收錄 80 道薑製漬物、甜點、常備菜、家常菜全料理 / 小寺宮食譜；GINGER FACTORY 監修；張成慧譯. -- 初版. -- 臺北市：積木文化出版：英屬蓋曼群島商家庭傳媒股份有限公司城邦分公司發行, 2022.10
面；　公分. --（五味坊；126）
ISBN 978-986-459-447-4（平裝）
1.CST: 食譜 2.CST: 薑目
427.1　　111014151